创客之道

科普科创系列教育用书

……建军◎主编

北京师范大学出版集团
BEIJING NORMAL UNIVERSITY PUBLISHING GROUP
安徽大学出版社

图书在版编目(CIP)数据

Scratch创意编程基础/房桂兵,张建军主编.—合肥:安徽大学出版社,2022.7(2023.7重印)

ISBN 978-7-5664-2268-2

Ⅰ.①S… Ⅱ.①房… ②张… Ⅲ.①程序设计—教材 Ⅳ.①TP311.1

中国版本图书馆CIP数据核字(2021)第146935号

Scratch创意编程基础

Scratch chuangyi biancheng jichu

房桂兵　张建军 主编

出版发行:北京师范大学出版集团
安 徽 大 学 出 版 社
(安徽省合肥市肥西路3号 邮编230039)
www.bnupg.com
www.ahupress.com.cn

印　　刷:安徽昶颉包装印务有限责任公司
经　　销:全国新华书店
开　　本:787 mm×1092 mm 1/16
印　　张:8
字　　数:198千字
版　　次:2022年7月第1版
印　　次:2023年7月第2次印刷
定　　价:42.00元
ISBN 978-7-5664-2268-2

策划编辑:姚　宁
责任编辑:姚　宁
责任校对:邱　昱
装帧设计:李　军　孟献辉
美术编辑:李　军
责任印制:陈　如

《Scratch 创意编程基础》
编委会

序

当今世界，竞争聚焦在创新上，而创新的背后是创造型人才的竞争。这个世界，谁拥有一流和最大数量的创造性人才队伍，谁就能占据创新的主动权，赢得竞争的优势。为此，当今时代下很多国家和地区都积极地通过教育探索创造性人才的培养路径。创客教育与创客运动就是当下被全世界普遍认同的并被事实证明是培养创造性人才的一种有效途径。一流的创造性人才根植于肥沃的创新土壤，大众创新的文化和运动就是培植这种肥沃的创新土壤。为此，合肥市创造学会依据自身创造科学的研究优势，组织相关领域的专家和老师编写了青少年“创客之道”科普科创系列丛书，助推青少年的创客教育和运动。

数百年来，人类通过科学的理论和实验两大思维，创造了近现代的科学技术的进步和文明；随着计算机的发明和普遍应用，又诞生了新的科学计算思维。计算思维必将是人工智能时代发展的科学思维利器。科学思维和创新素养必须从娃娃抓起，因此，我们依据世界少年儿童的编程实践，组织编写了这本《Scratch创意编程基础》。

Scratch是一种无代码、图形化编程技术，学习门槛低，但对计算思维的训练一点不含糊，非常适合青少年的学习和应用。本书的特点是以项目任务为驱动，寓教于乐，结合青少年的认知特点和教学规律，通过讲解24个具体的项目任务，让学生循序渐进地系统掌握Scratch2.0的基本指令用法，初步达到计算思维的训练。

本书中的项目1至项目12由郭俊老师执笔，项目13至项目24由宋蓓蓓老师执笔；张建军对本书的编写体例、内容和风格作了统一的指导；安徽明思教育科技有限公司的工作人员房桂兵、张鹏飞、宋佳佳、慈婷婷、纪永玲、杨万月、叶亭、束永华、王新宇在给本书所涉及的图片处理等方面付出了无私的劳动；王菁老师最后对全书进行了审校；在编写过程中，编委会也给予积极的指导和支持；在此一并表示感谢！本书如有错误之处，还恳请读者不吝赐教！

张建军

2022年6月于合肥

目录

Contents

项目1 小猫你好呀

项目演示

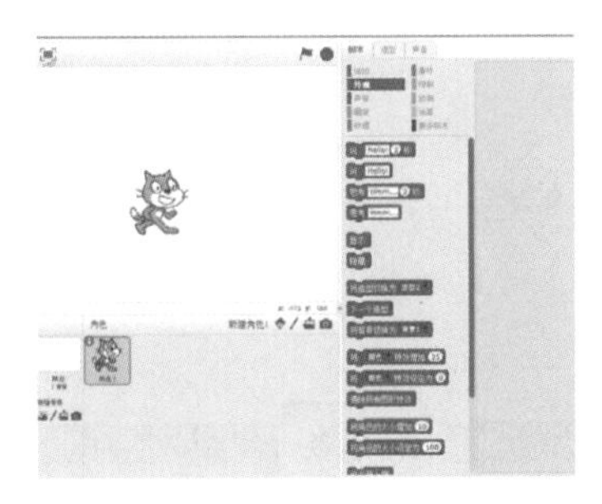

小猫说你好.sb2

注：sb2 是软件保存文件名。

项目情境

Scratch 是一款神奇的编程软件。你可以利用它创作有趣的动画、故事和游戏。你需要展开你的想象力，设计出具有创意的作品。你还会学到很多编程知识，成为一位电脑高手。你更可以和别的同学，甚至与全世界各地的朋友一起学习编程、分享自己的作品、分享快乐。快来认识 Scratch 编程软件吧！

任务描述

在本课的任务中，小猫向世界问好，说了一句“你好，世界！”。程序中小猫首先会说“Hello!”，双击修改为“Hello world!”，加上开始脚本运行程序。

- 小猫说你好
  - 打开 Scratch
  - 认识软件的各个部分
  - 让小猫对你说“Hello world!”
  - 保存自己的第一个作品

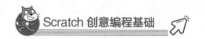

任务实现

一、认识Scratch软件

1. 打开软件

在桌面或开始菜单中找到 Scratch 软件图标，双击打开。

2. 切换语言

如果软件界面显示的是英文，可单击左上角地球图标，再指向下方箭头 English，找到简体中文选项 简体中文 并选择。

3. 认识界面

Scratch 软件的界面从上到下，依次由菜单栏、工具条、舞台区、角色区、指令模块区、脚本区等组成，如图 1.1。

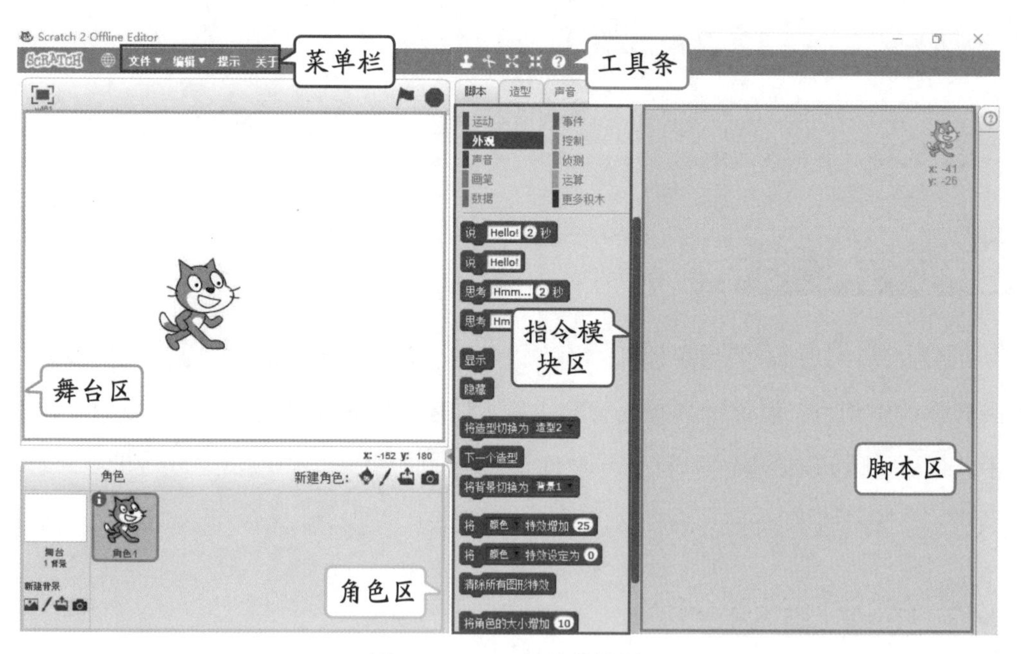

图1.1　Scratch软件的界面

二、编写脚本

1. 让小猫说话

在小猫角色被选中的状态下，从指令模块区找到外观类模块，单击 外观，拖动第一个 说 Hello! 2 秒 指令模块到脚本区，双击指令模块紫色部分，指令就会运行，即小猫说出“Hello!”，如图 1.2。如果不小心拖错了，只要将模块拖回指令模块区即可删除。

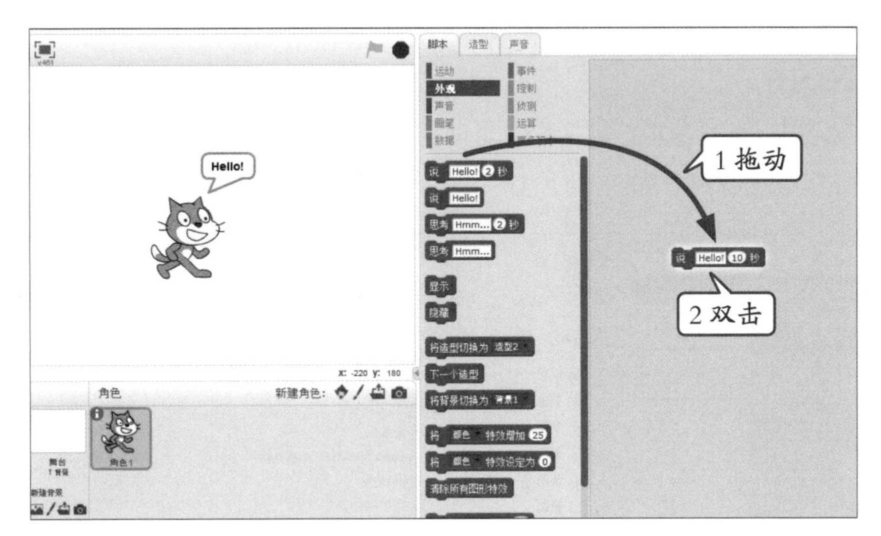

图1.2　模块的增加和运行

2. 修改小猫的话

双击 说 Hello! 2 秒 模块中文字部分，修改文字为“Hello world!”，再双击运行 说 Hello world! 2 秒，让小猫向编程的世界问个好吧！

“Hello world”的中文意思是“你好，世界”。因为在一本编程书籍《The C Programming Language》中使用它作为第一个演示程序，非常著名，所以后来的程序员在学习编程或进行设备调试时延续了这一习惯。

3. 增加开始事件

在事件类模块中找到 当 被点击 模块，拖动到脚本区，和下方的模块组合，然后单击舞台区的 ，脚本就会自动运行，如图 1.3。

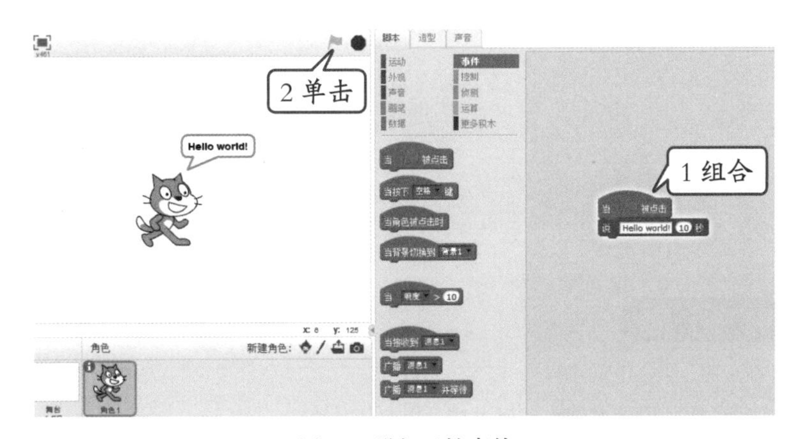

图1.3　增加开始事件

使用开始事件和直接双击脚本都可以运行脚本，但双击脚本只能运行一段脚本，而开始事件可以作为多个脚本的开始条件，功能更加强大。

4. 保存文件

保存文件时，选择菜单栏“文件”下的“保存”命令，选择合适位置，输入文件名“Hello world”，单击保存，如图 1.4。

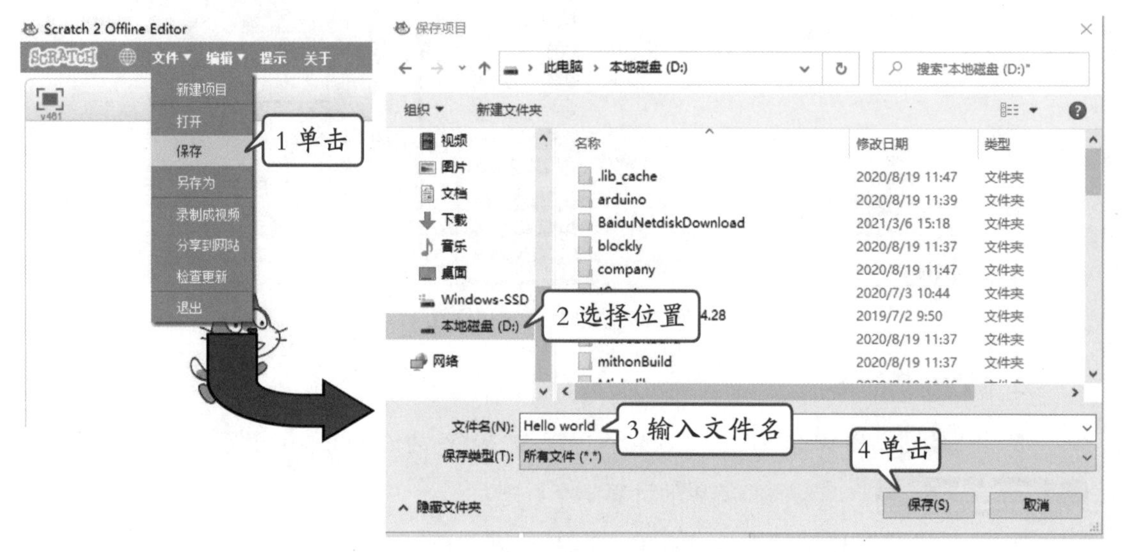

图1.4 保存文件

本课都学习了哪些知识，来看看思维导图，总结一下吧。

1. 试着让小猫说出更多的话，做出更多的动作吧。

2. 登录 Scratch 官方网站 https://scratch.mit.edu，在页面最下方找到语言切换选项，将语言切换到简体中文，浏览网站。

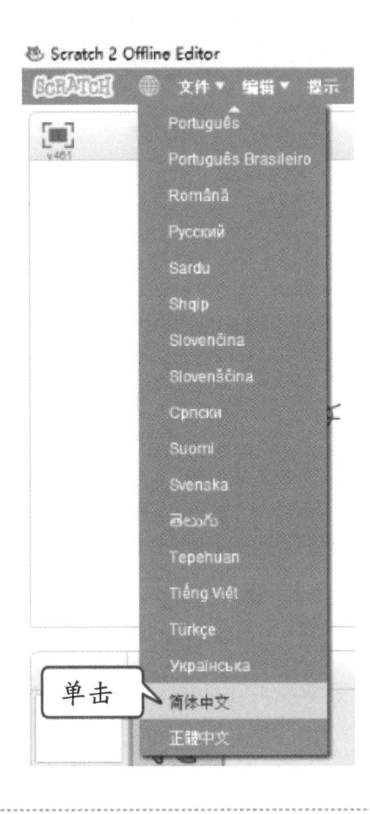

项目2 背景换换换

项目演示

背景换换换.sb2

项目情境

今天是学校开放日，小猫作为小导游，负责带领游客参观学校。他先在门口向大家介绍了学校，又带大家参观了学校的图书馆和运动场。

任务描述

在本课的任务中，小猫向大家介绍学校的不同场所，这是通过背景的切换来实现的。程序中先后出现了校门口、图书馆和运动场三个场景，每次切换到对应场景后，小猫就介绍该场所。

- 小猫当导游
  - 选择舞台 — 从背景库中选择背景
  - 切换到学校门口背景 — 介绍学校
  - 图书馆背景 — 介绍图书馆
  - 运动场背景 — 介绍运动场

一、设置背景和角色

1. 选择舞台

如图 2.1，在程序中单击左下角背景缩略图，观察界面有什么变化。

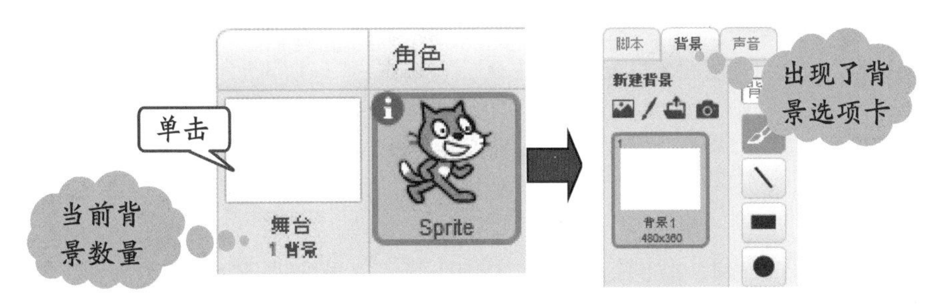

图2.1　选择舞台

2. 选择背景

Scratch 软件中的背景是可以更换的。本课任务中的背景是从背景库中选择的，背景的英文名称分别是 school 2、room 1 和 goal 2，如图 2.2。

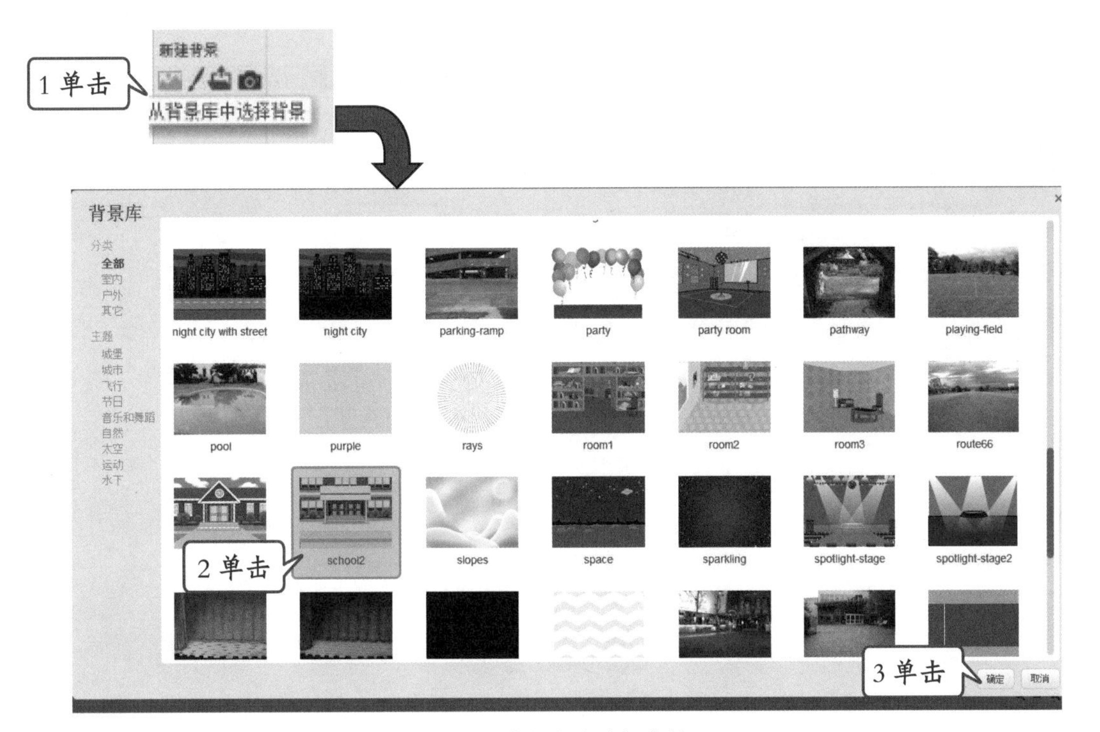

图2.2　从背景库中选择背景

如果需要删除背景，在背景选项卡中，选择多余的背景，单击右上角删除标记，即可删除选定的背景，如图 2.3。如果背景顺序错误，可拖动调整。

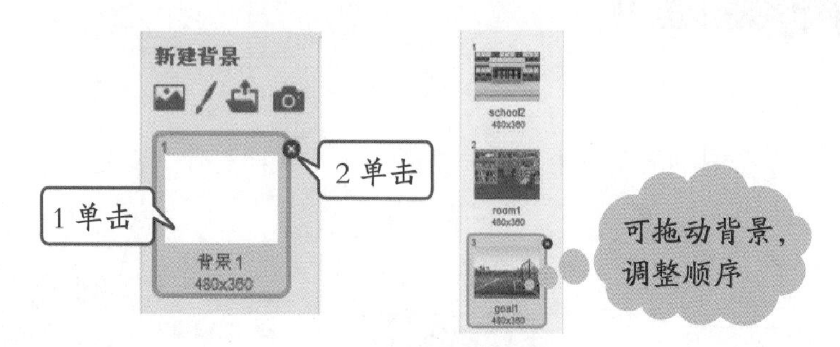

图2.3　删除背景

3. 设置角色

为了让画面更加协调，我们拖动舞台上的小猫，把它放在舞台中间偏左的位置。

二、编写脚本

1. 设置开场背景

将 当 被点击 拖到脚本区，与外观类模块中的 将背景切换为 school2 组合，设置动画开场时的背景为学校门口，如图 2.4。

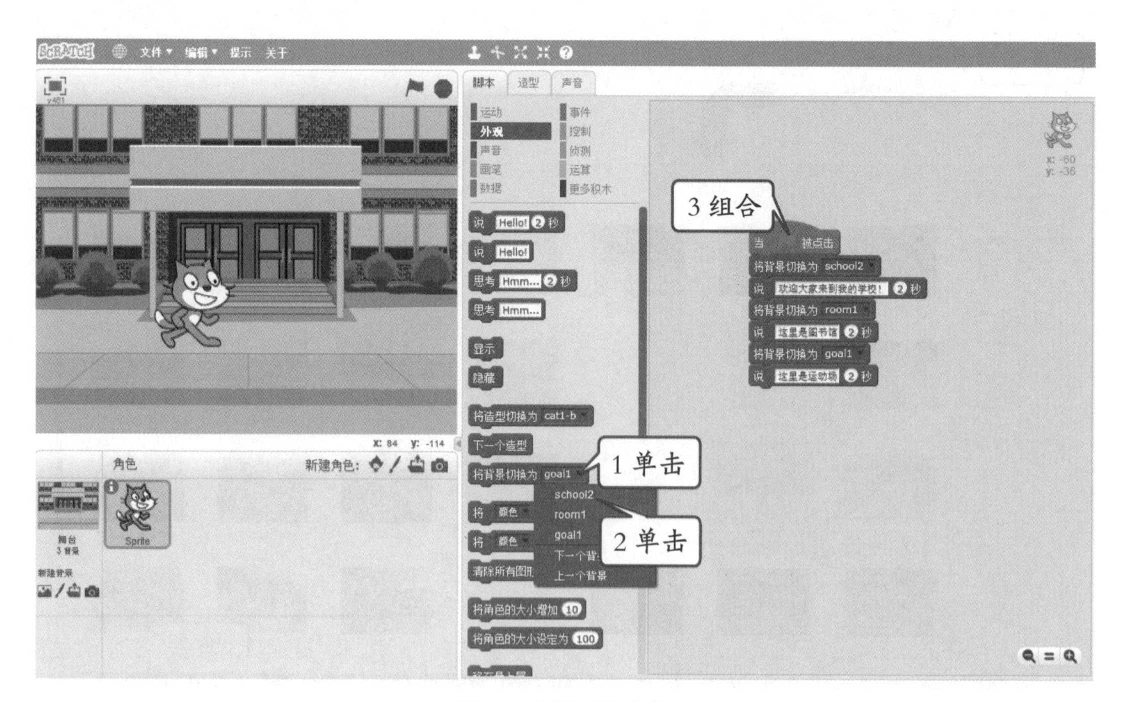

图2.4　设置开场背景

2. 介绍并切换背景

找到 说 Hello! 2 秒 ，修改介绍文字为“欢迎大家来到我的学校”，并拖入脚本。再依次将背景切换到图书馆和运动场，并增加介绍文字，脚本如图 2.5。

```
当 被点击
将背景切换为 school2
说 欢迎大家来到我的学校! 2 秒
将背景切换为 room1
说 这里是图书馆 2 秒
将背景切换为 goal1
说 这里是运动场 2 秒
```

图2.5　动画脚本

3. 缩放舞台

脚本编写完毕后，可以单击舞台左上方的按钮切换到全屏，测试一下作品，全屏后单击舞台左上方可返回。

4. 保存文件

保存文件时，选择菜单栏“文件”下的“保存”命令，选择合适位置，输入文件名，单击保存。

本课都学习了哪些知识，来看看思维导图，总结一下吧。

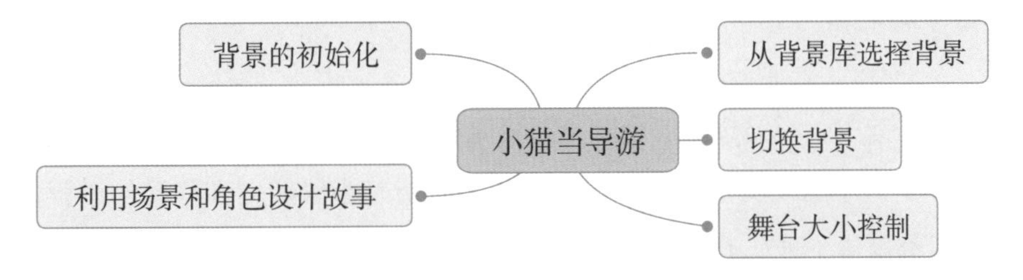

任务拓展

1. 请使用提供的图片素材（或上网搜索），利用新建背景中的（从本地文件中上传背景）功能上传到 Scratch 中，制作一个导游动画。

小猫上台阶.sb2

小猫来到教学楼前，需要走上台阶进入大楼。怎样让它转向正确的方向走上台阶呢？使用模块指令像搭积木一样组成脚本，帮助小猫完成任务吧！

在本课的任务中，小猫想走上台阶，需要先移动 50 步走到台阶下，再逆时针转动 30 度，移动 150 步，才能成功走上台阶。为了能够看清楚小猫转向和移动的过程，我们在转向和移动后都等待 1 秒。

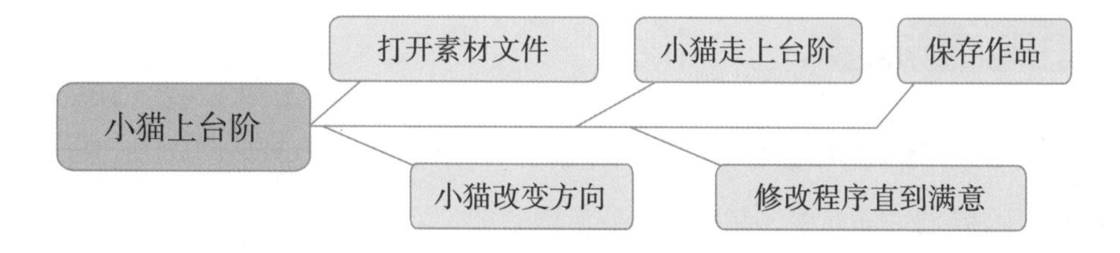

一、设置背景和角色

1. 打开文件

打开 Scratch 软件，选择菜单栏 文件▼ 下的 打开 命令，找到文件存放位置，打开素材源程序（3 小猫上台阶 素材 .sb2）。

2. 观察背景

Scratch 程序是由背景、角色、脚本等要素组成的。在本课的程序中，背景不再是默认的白色，而是砖墙和台阶图片，台阶的角度和距离会决定小猫转动的方向和移动的步数。

3. 设置角色

本课角色小猫的初始位置是在舞台的正中央，初始方向为面向右边。我们在每一次移动小猫时要考虑它的当前位置和方向。这里我们将 当 被点击 、面向 90▼ 方向 、移到 x: 0 y: 0 三个模块组合在一起，让小猫在位置变动后，重新开始程序时也能恢复初始位置和方向。

图3.1 初始位置和方向

每次程序重新运行时，我们让小猫恢复初始位置和初始方向，这就是程序的初始化，它是一种很重要的程序设计思想。

二、编写脚本

1. 走到台阶下

在动作类模块中找到 移动 10 步 与其组合，将步数修改为 50，如图 3.2，单击 测试效果。

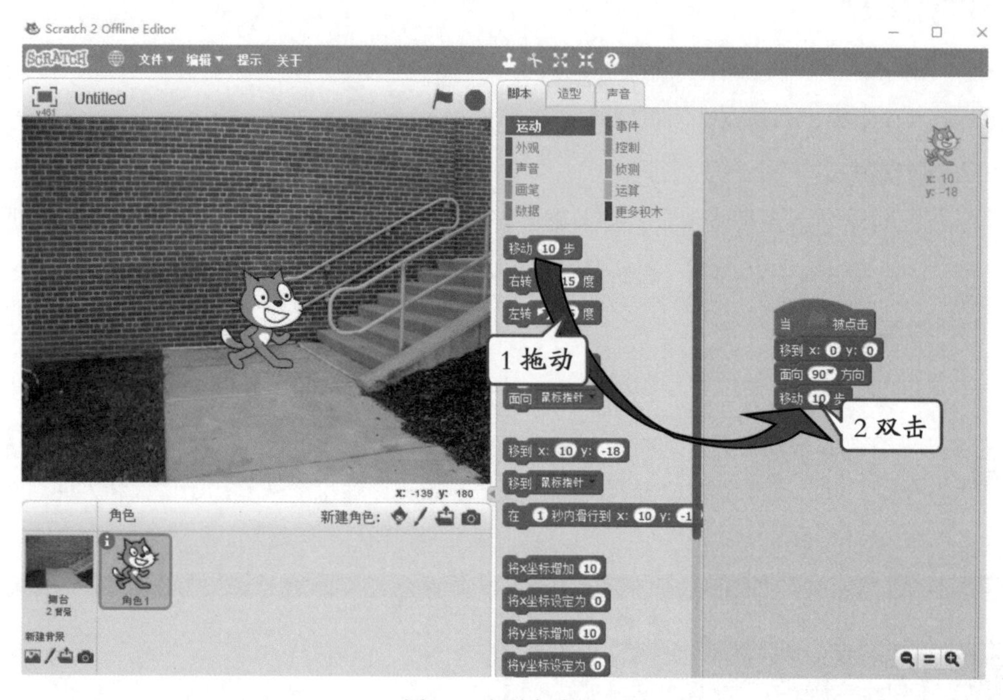

图3.2 走到台阶下

2. 转向和等待

为了方便看清小猫移动的过程，在控制类模块中找到 等待 1 秒 并拖入脚本。在动作类模块中找到 向左旋转 15 度 并拖入脚本，修改度数为 30 度。再在其后添加一个 等待 1 秒 ，方便看清小猫转向的过程，如图 3.3。

图3.3 转向和等待

3. 走上台阶

添加 移动 10 步 指令模块，将步数修改为 150 步。在外观类模块中找到 说 Hello! 2 秒，添加进脚本，并修改内容为“成功”，如图 3.4。

图3.4 走上台阶

4. 保存文件

保存文件时，选择菜单栏“文件”下的“保存”命令，选择合适位置，输入文件名“小猫上台阶”，单击保存。

本课都学习了哪些知识，来看看思维导图，总结一下吧。

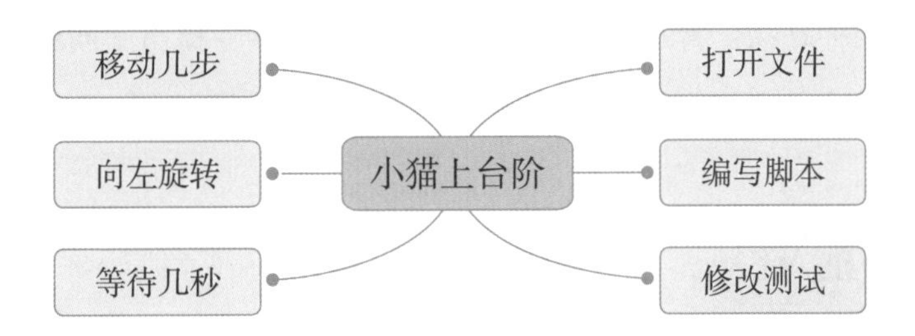

任务拓展

1. 打开素材文件夹中的文件，让宇航员小猫在太空自由行走吧！

角色变变变.sb2

今天是学校的科技活动日，小猫带大家参观实验室，并且请大家参与小游戏。在游戏中，它展示了四种动物：青蛙、小狗、大象和恐龙，接着提出了问题：哪种动物现在已经灭绝了？只要找到了正确的动物，它就会消失。你知道答案吗？快来答题吧！

在本课的任务中，背景一直是实验室场景，角色有5个，分别是小猫、青蛙、小狗、大象和恐龙。我们要设计一个可以互动的小游戏，当鼠标单击恐龙角色时，恐龙角色消失；当游戏开始时，恐龙角色重新出现。

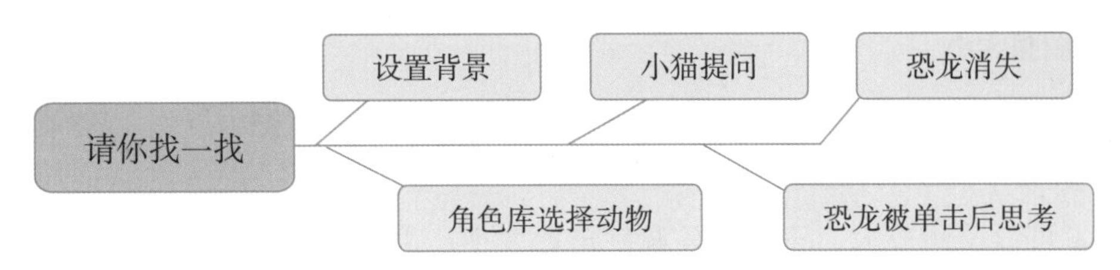

一、设置背景和角色

1. 选择背景

从背景库中选择实验室背景，英文名为 room2。

2. 设置角色

在角色区，找到 按钮，从角色库中找到动物类别，选择角色青蛙、小狗、大象和恐龙，如图 4.1。

图4.1　从角色库中选择角色

如果添加了错误的角色，在角色上右击，选择“删除”，就可以删除角色。也可以用工具条中的 删除工具，删除角色。

3. 调整大小

将角色摆放好。为了让游戏更加合理，我们使用工具条中的放大工具和缩小工具对角色的大小进行调整，如图 4.2。

除了可以使用放大、缩小工具调整角色大小，我们也可以使用外观类模块中的 将角色的大小设定为 100 ，设定角色的大小，数字表示百分比，数字越大、角色越大，数字越小、角色越小。

图4.2　调整角色大小

二、编写脚本

1. 小猫脚本

选择小猫角色，设置小猫提问“下面哪种动物已经灭绝了？”，如图 4.3。

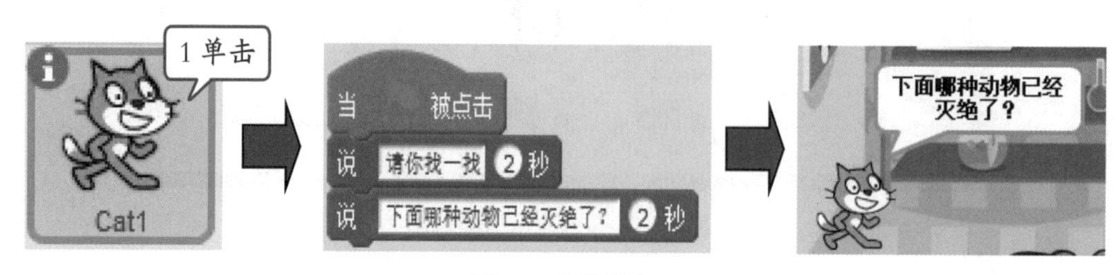

图4.3　小猫脚本

在 Scratch 软件中，舞台以及每个角色都可以编写自己的脚本，我们一定要养成先选择对象，再编写脚本的习惯。

2. 恐龙脚本

选择恐龙角色，在事件类模块中找到 当角色被点击时 ，在外观类模块中找到 思考 Hmm... 2 秒 和 隐藏 ，让恐龙在被鼠标单击时思考并隐藏起来。并使用 当 被点击 和 显示 组合成脚本，让恐龙在游戏开始时出现，以便反复测试，如图 4.4。

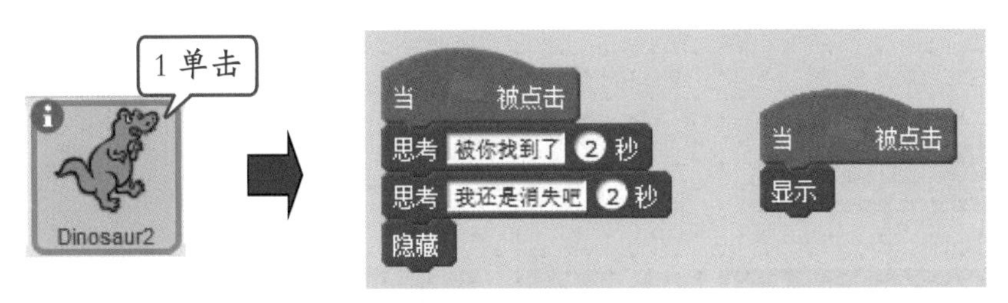

图4.4 恐龙脚本

恐龙角色没有使用 当 被点击 ，而是使用 当角色被点击时 ，即只有当角色被点击时才会运行下面的脚本。

角色隐藏起来后，如果需要角色再次出现，也可以在角色上右击，选择显示。此外，这次我们使用了 思考 Hmm... 2 秒 ，请观察它和 说 Hello! 2 秒 的效果有什么不同？

本课都学习了哪些知识，来看看思维导图，总结一下吧。

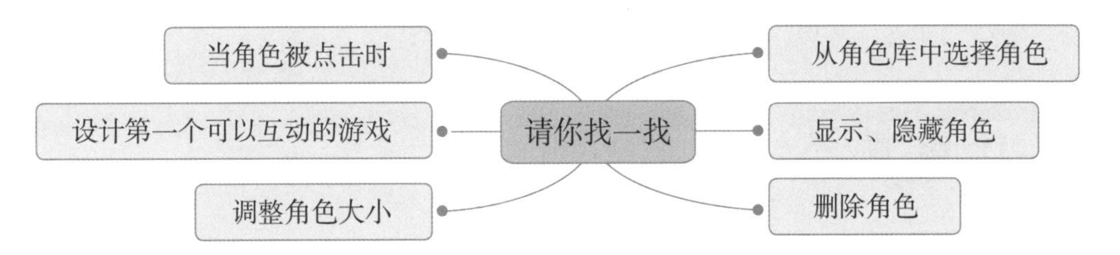

任务拓展

1. 尝试自己创建一个找动物的游戏，让角色被单击后的效果更加丰富。

2. 单击角色区 绘制新造型按钮，利用 Scratch 中的绘图功能，绘制一个新角色，加入游戏中。

项目5 喵喵音乐会

项目演示

喵喵音乐会.sb2

项目情境

学校举行音乐节，在灯光闪耀的舞台上，小猫将演奏歌曲《小星星》。我们听他唱：“一闪一闪亮晶晶……”情不自禁地也敲着鼓帮他伴奏。

任务描述

在本课任务中，角色有 3 个，分别是鼓、麦克风和小猫。我们可以利用声音类模块播放鼓声、录制歌曲、演奏音乐。音乐虽然简单，但是程序却比较长，我们可以利用复制脚本的方法提高编程效率。

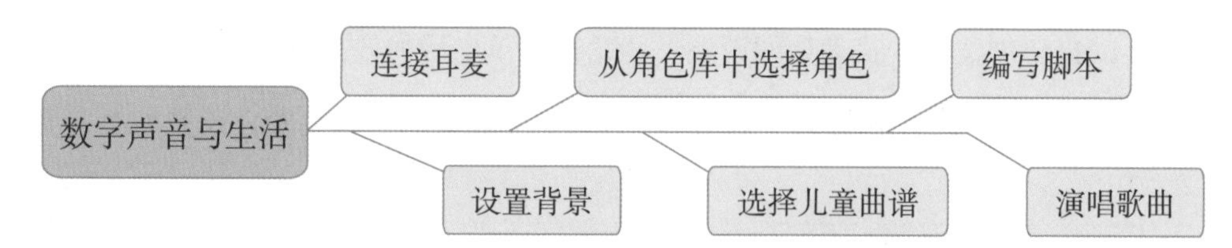

一、设置背景和角色

1. 连接耳麦

注意电脑接口上的图标和颜色，将对应功能和颜色的耳麦接口插入。

2. 设置背景

从背景库中选择舞台背景，英文名为 spotlight-stage。

3. 设置角色

在角色区，找到 按钮，从角色库中选择音乐和舞蹈主题，增加话筒角色 Microphonestand 和鼓角色 Drum2。并利用 缩小工具，调整角色大小，将角色摆放在合适的位置，如图 5.1。

图5.1 设置舞台和角色

4. 儿歌曲谱

二、编写脚本

1. 编写鼓脚本

选择鼓角色，在事件类模块中找到 当角色被点击时 并添加到脚本区。选择声音类模块，将 弹奏鼓声 1 0.25 拍 添加到脚本，如图 5.2。

图5.2 鼓脚本

2. 编写话筒脚本

选择话筒角色，在指令模块区上方选择声音选项卡，如图 5.3。

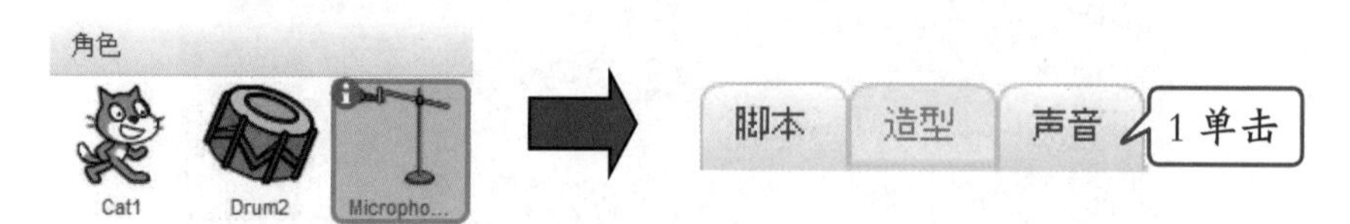

图5.3 声音选项卡

在声音选项卡中找到录制新声音按钮，在声音中会新增一个录音。戴上耳麦，单击录音按钮，对着麦克风演唱歌曲《小星星》，就可以将演唱的歌曲录制为录音，如图 5.4。

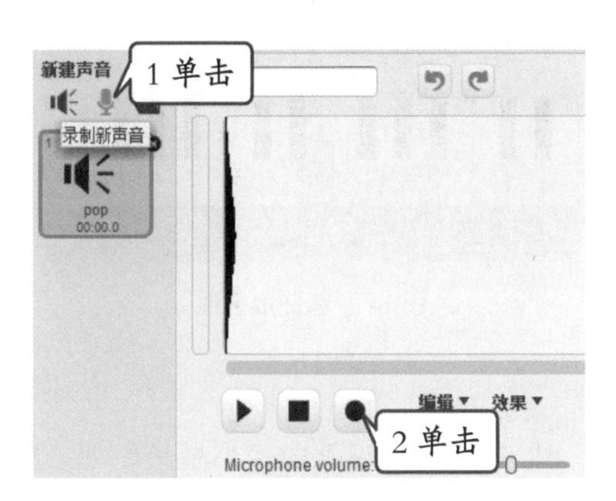

图5.4　录制歌曲

录制的声音可以使用如图 5.5 的脚本进行播放。

图5.5　话筒脚本

3. 编写小猫脚本

选择小猫角色，将 当 被点击 添加到脚本区。选择声音类模块，将 弹奏音符 60 0.5 拍 添加到脚本且连续添加 7 次，再逐个修改为如图 5.6。添加 停止 0.25 拍，修改为 0.5 拍。

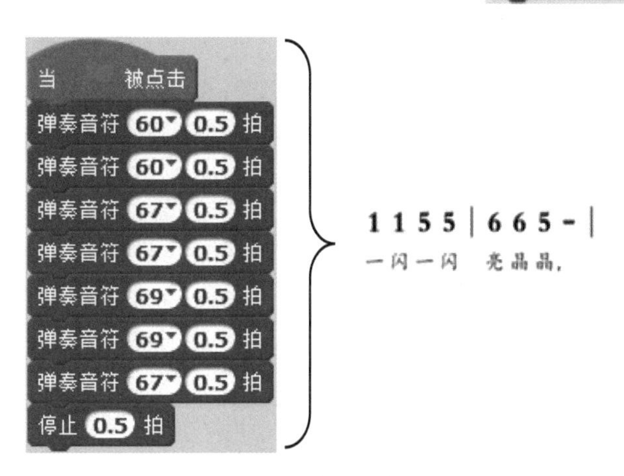

图5.6　小猫脚本

在 Scratch 中，如图 5.7 所示，中央 C 为音符 60，我们可以通过虚拟琴键直接选取相应的音符。

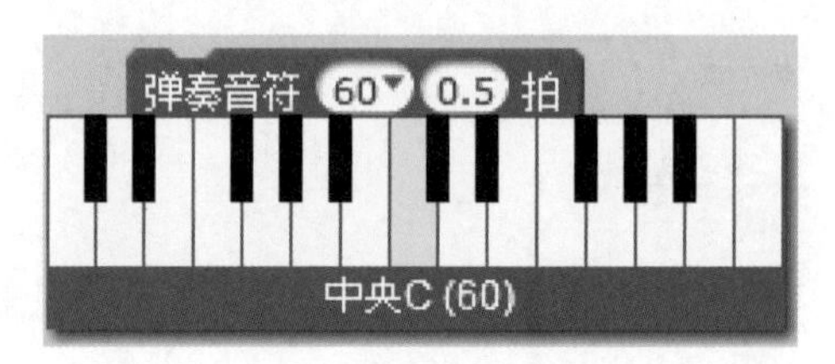

图5.7 音符示意图

4. 演唱歌曲

单击 ，播放脚本，让 Scratch 演唱歌曲《小星星》吧。播放时可以单击小鼓，为音乐添加节拍，不要忘了将文件保存到我的文档。

本课都学习了哪些知识，来看看思维导图，总结一下吧。

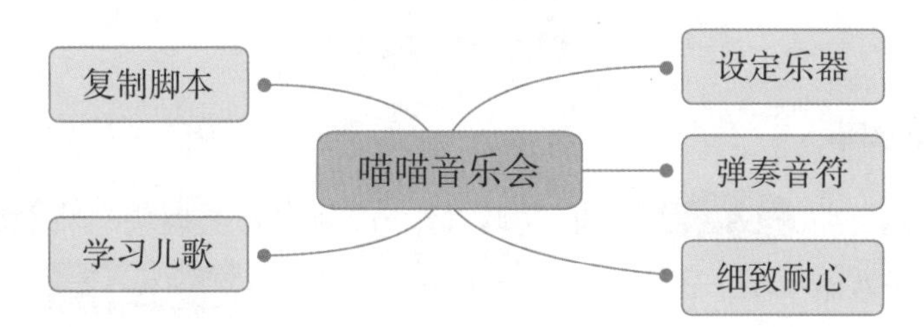

任务拓展

1. 利用教材中的曲谱，将歌曲《小星星》编写完毕，留心哪些小节是一样的，可以使用复制脚本来提高效率。

2. 尝试使用其他声音类指令模块来演奏音乐，看看它们都有哪些功能。

项目6 彩笔画四方

项目演示

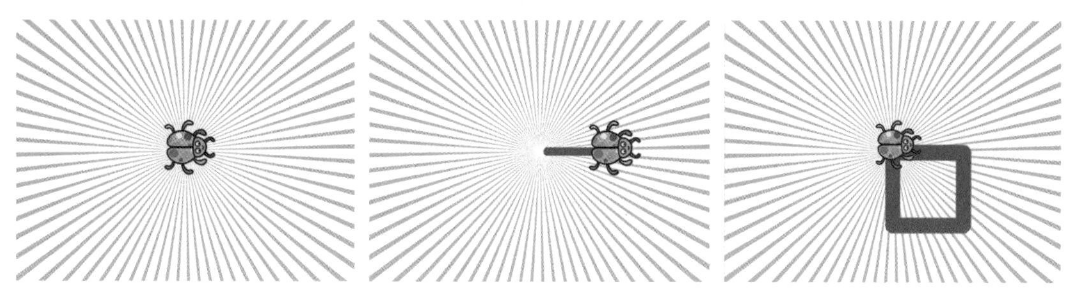

彩笔画四方.sb2

项目情境

利用 Scratch 软件，我们不仅可以听到美妙的音乐，还可以把角色的足迹变成画笔，让彩色的画笔落到纸上，绘制出美丽的图形。七色小甲虫就利用画笔模块，画出了美丽的图形。

任务描述

在本课任务中，我们将会利用画笔类模块绘制正方形。要想看到彩色的足迹，在绘制之前就要先让角色落笔，并设置画笔的颜色和粗细。

正方形的边长是相等的，每个角都是直角。因此，角色每次只要移动相同步数，再转动 90 度，这样重复 4 次，就能画出正方形。

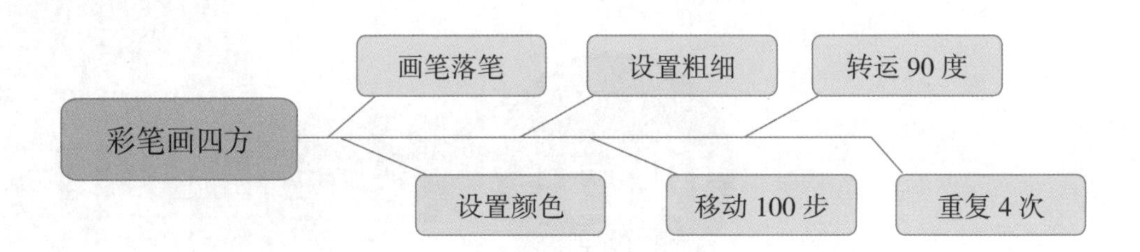

一、设置背景和角色

1. 选择背景

从背景库中选择舞台背景，英文名为 rays。

2. 设置角色

从角色库中找到动物类别，增加七色甲虫角色，英文名为 ladybug1。

在角色区，先单击选定角色，再单击角色左上角的 图标，就可以查看和设置角色的属性。将角色的名称修改为“七彩甲虫”，单击 图标，可以返回，如图 6.1。

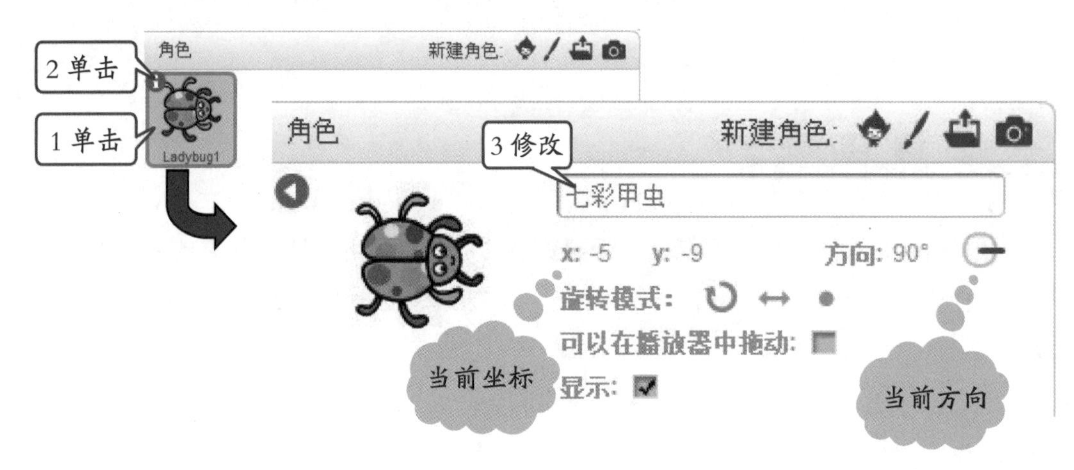

图6.1　设置角色

二、编写脚本

1. 设置画笔

选择甲虫角色，先添加一个 当 被点击 ，再从画笔类模块中找到 将画笔的颜色设定为 ，单击颜色区域，待鼠标指针变成手型时，将指尖对准甲虫背部红色圆形，如图 6.2。

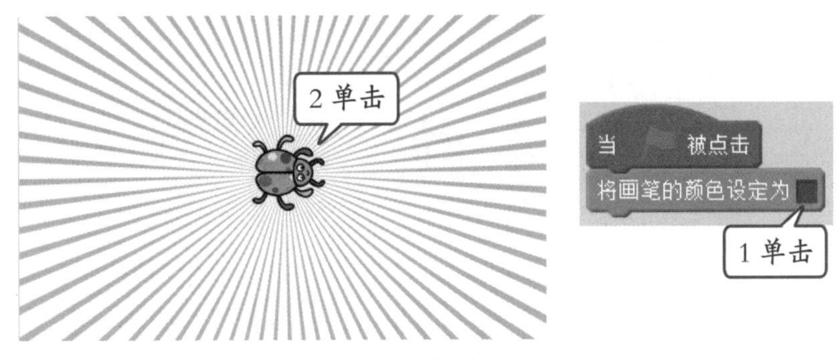

图6.2 选取颜色

添加 将画笔的大小设定为 1 ，将画笔的粗细大小设定为 10；再添加 落笔 ，让甲虫如同画笔落到纸上，能够画出足迹，脚本如图 6.3。

图6.3 设置画笔

在 Scratch 中，我们还可以使用 将画笔的颜色设定为 0 来设定画笔颜色，在模块中我们可以输入数字 0 ～ 199，对应的颜色如图 6.4。

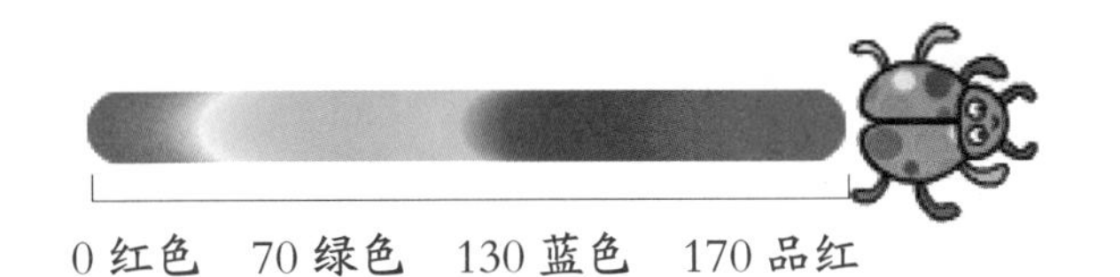

图6.4 画笔颜色

2. 走第一步

添加 移动 10 步 ，修改为 100 步；再添加 向右旋转 15 度 ，修改为 90 度，让甲虫走出绘制正方形的第一步，同时测试一下自己画笔的设置有无问题，如图 6.5。

如果测试时出现问题，可以将甲虫拖回原位，并使用画笔类模块中的 清空 来清除已经绘制的图案，再在角色属性中找到角色方向，拖动蓝色横线到需要的方向，如图 6.6。

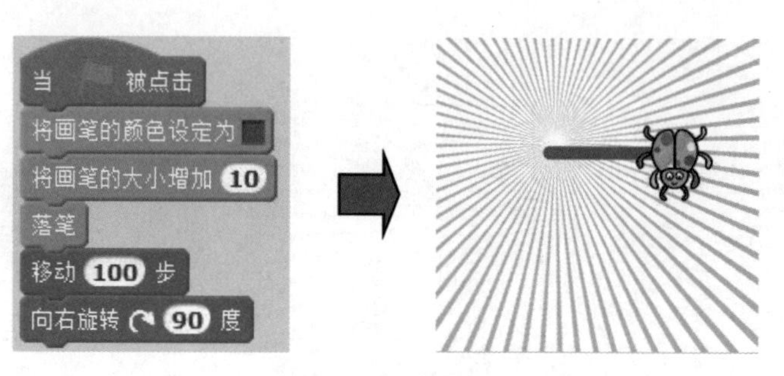

图6.5 走第一步

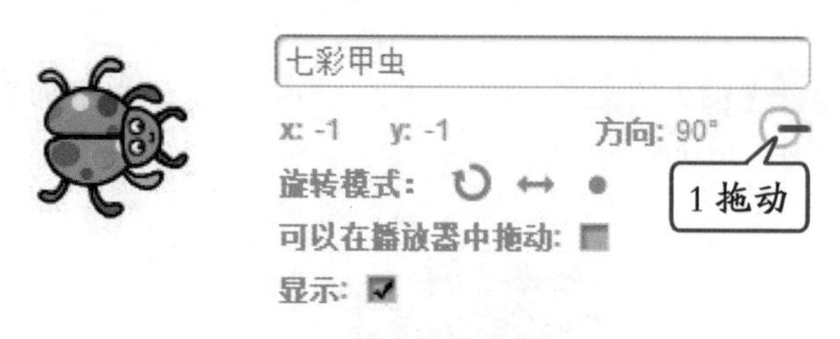

图6.6 调整方向

3. 完成绘制

按图 6.7 继续添加脚本，完成图形绘制。

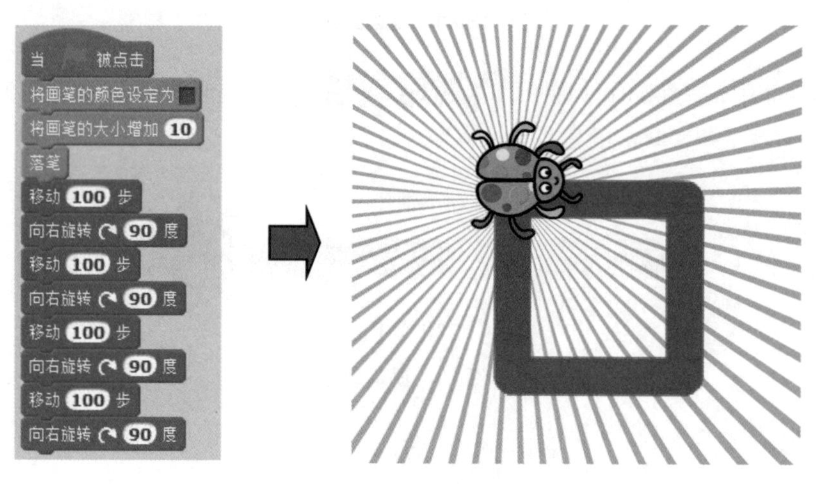

图6.7 完成绘制

仔细观察，你会发现 移动 100 步 和 向右旋转 90 度 重复运行了 4 次。我们也可以利用控制类模块中的 重复执行 10 次，将次数修改为 4 次，再将 移动 100 步 和 向右旋转 90 度 嵌入其中，这段程序就会自动重复执行 4 次，这样可以高效率地编写程序，如图 6.8。

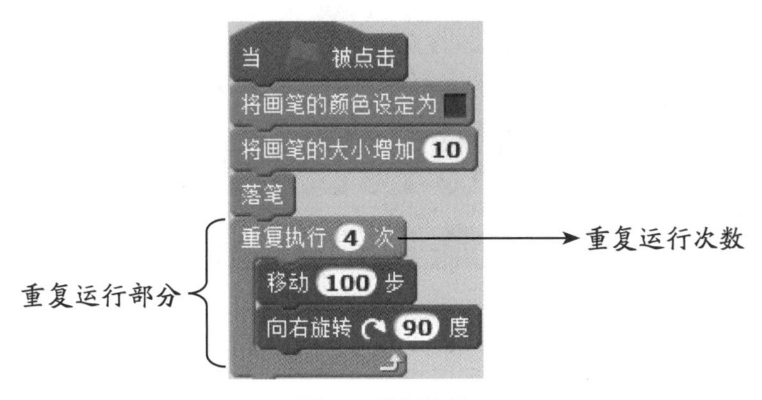

图6.8　重复执行

本课都学习了哪些知识，来看看思维导图，总结一下吧。

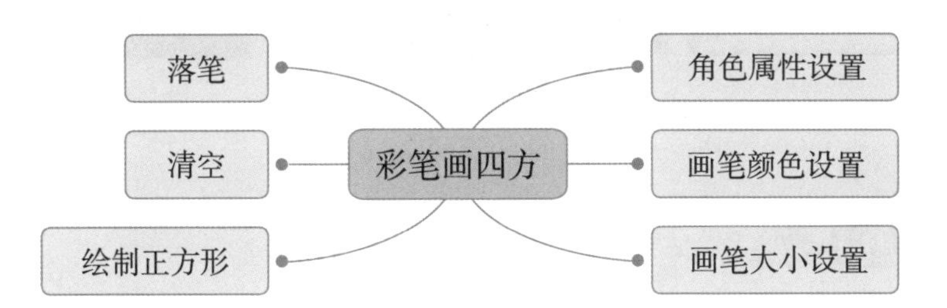

任务拓展

1. 尝试使用重复指令，改变甲虫的行进方向和颜色，画出更复杂的图形。

算术我最行.sb2

在旅途中，你发现了一座森林中的古堡，正准备去探个究竟，却遇到了一个可爱的幽灵。它特别喜欢算术，快来和它聊天吧。它如果开心的话，就会告诉你一个关于古堡的秘密哦。

在本课任务中，幽灵的问题和你的回答是通过侦测类模块实现的，而幽灵的答案是通过数字与逻辑运算类模块计算出来的，它先后进行了乘法、除法、求余数、四舍五入运算。

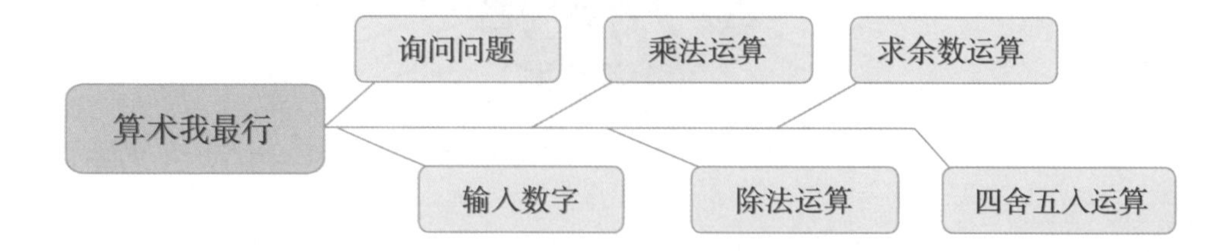

一、设置背景和角色

1. 选择背景

从背景库中选择舞台背景，主题选择古堡，选择古堡 castle3。

2. 设置角色

从角色库中选取角色，主题选择古堡，选择幽灵 ghost1。

二、编写脚本

1. 询问问题

添加 当 被点击 ，再从侦测类模块中找到 询问 What's your name? 并等待 ，添加并修改文字为“请说出一个数字”，如图 7.1。

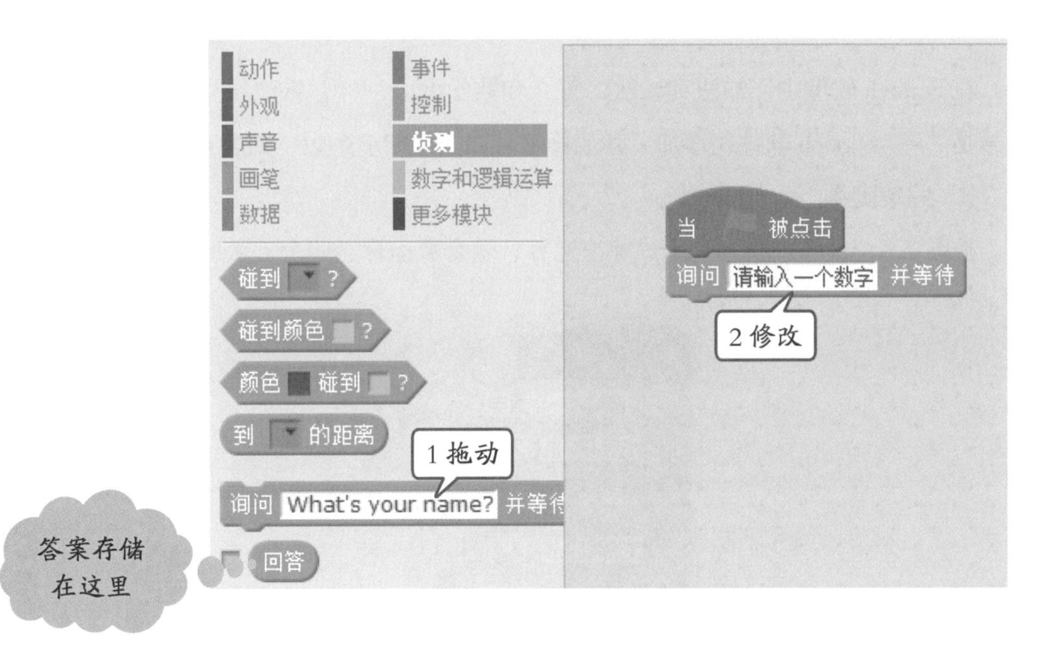

图7.1 询问问题

使用 询问 请输入一个数字 并等待 后会弹出对话框，输入答案后，单击 表示确定。答案会存储在 回答 中。

2. 乘法运算

在数字与逻辑运算中找到乘法运算 ，在侦测类模块中找到 回答 ，嵌入左侧空位中，在右侧空位中输入数字 2，如图 7.2。

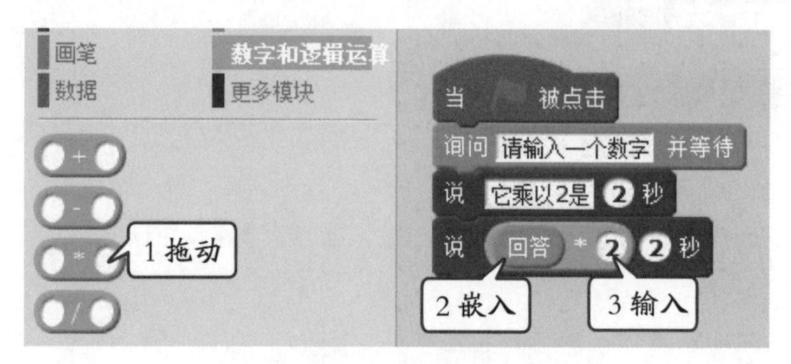

图7.2 乘法计算

Scratch 常见算术运算					
加法	减法	乘法	除法	求余数	四舍五入
( ) + ( )	( ) - ( )	( ) * ( )	( ) / ( )	( ) 除以 ( ) 的余数	将 ( ) 四舍五入

在 Scratch 软件中，加法和减法的符号和数学课上一样，乘法符号变成了“*”，除法符号是“/”。Scratch 软件还增加了其他算术运算，比如求余数、四舍五入等。

3. 完成脚本

按图 7.3 继续添加脚本，完成除法运算、求余数运算、四舍五入运算。

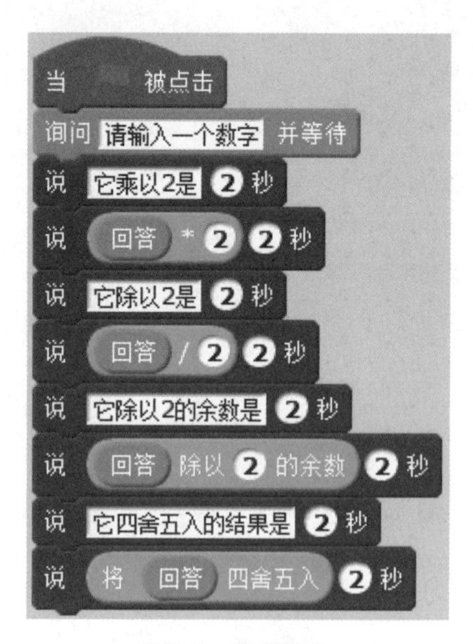

图7.3 完成脚本

在 Scratch 中，指令模块之间不仅可以拼接，还可以嵌入。仔细观察各个指令模块，你会发现它们的形状和颜色都不相同，形状与功能有关，颜色与种类有关。

本课都学习了哪些知识，来看看思维导图，总结一下吧。

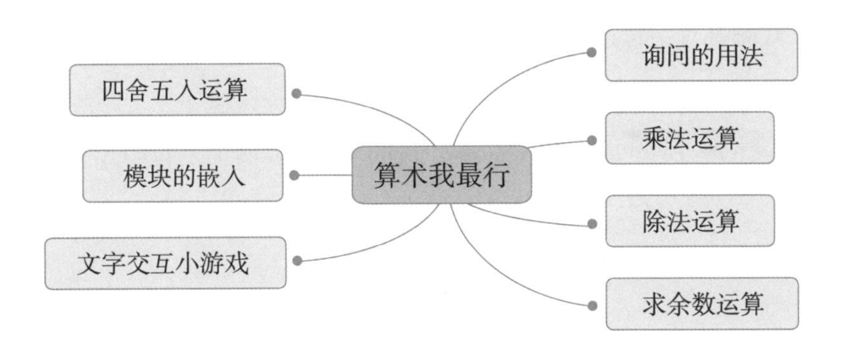

任务拓展

1. 尝试利用 Scratch 编写一个“四则运算”的题目吧。

2. 幽灵告诉你，你走到城堡前，会遇到一顶魔法帽，和它对话你就可以成为一名魔法师。快打开素材制作吧！

```
当 被点击
说 我是一顶魔法帽 2 秒
询问 你的名字是 并等待
说 连接 你好 回答 2 秒
说 你的名字的字数是 2 秒
说 回答 的长度 2 秒
说 你姓 2 秒
说 第 1 个字符： 回答 2 秒
```

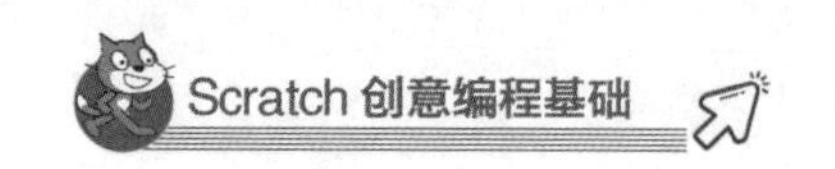

Scratch 常见字符串运算		
连接字符	输出指定位置字符	输出字符串的长度
连接 hello world	第 1 个字符： world	world 的长度

在数学课上，你学习过加减乘除等算术运算。因为在编程时，我们不仅要对数字进行操作，还经常需要对字符进行操作，所以在编程的世界里，还有一类特殊运算，叫作字符串运算。

比如，连接 hello world 的作用就是将 hello 和 world 两个字符串连接，运算的结果就是 helloworld。

项目8 如果你能赢

项目演示

如果你能赢.sb2

项目情境

森林中有一座古堡，门前有一只龙在看守，要想进入古堡，就要回答出它的问题。博学的龙会问你很多问题，有语文题、数学题、英语题等，如果你都答对了，就可以进入城堡。

任务描述

在本课任务中，龙的问题和你的回答是通过侦测类模块实现的，而是否答对是通过控制类模块中的“如果……那么……”来进行判断实现的，当条件比较复杂时，可以使用数字与逻辑运算中的“且”“或”等模块帮助表示条件。

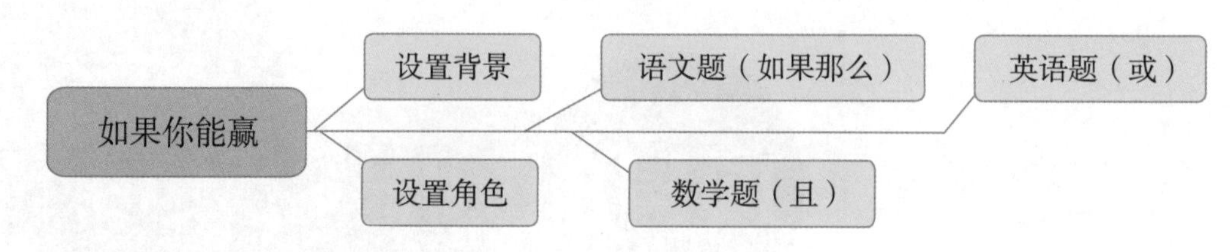

一、设置背景和角色

1. 选择背景

从背景库中选择舞台背景，主题选择古堡，选择古堡 castle2。

2. 设置角色

从角色库选取角色，主题选择古堡，选择龙 dragon。再选择魔法男孩 wizard boy 或魔法女孩 wizard girl（下文以魔法男孩为例），并调整角色大小，设置方向为 –90 度，并设置旋转模式为左右翻转，如图 8.1。

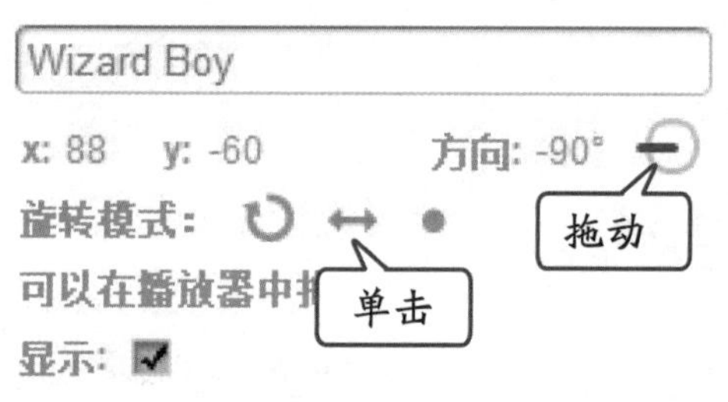

图8.1 设置方向和旋转模式

二、编写脚本

1. 语文题

选择龙角色，添加 当 被点击，再添加 说 Hello! 2 秒，将内容修改为“看你能答对几道题”。从侦测类模块中找到 询问 What's your name? 并等待，添加并修改文字为“古诗 天门中断楚江开 的下一句”。

在事件类模块中，找到如果那么模块 如果 那么 并加入脚本。在数字与逻辑运算模块中，找到 (=)，在左侧空格中填入 回答，在右侧空格中填入正确答案“碧水东流至此回”，如图 8.2。

在如果那么模块 如果 那么 中添加 说 Hello! 2 秒，将内容修改为“答对了”。

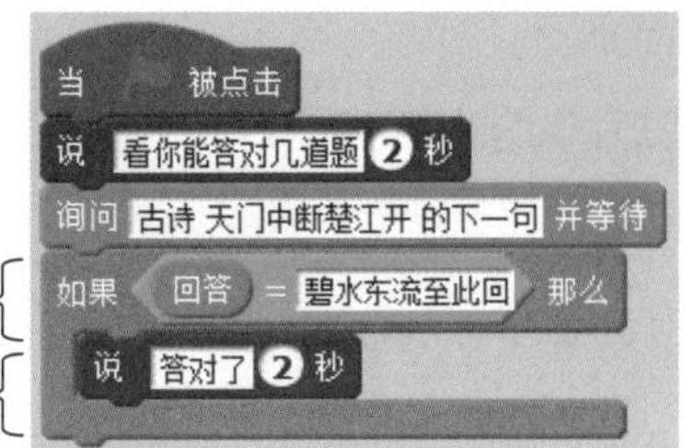

判断条件

如果满足条件，那么说“答对了”

图8.2　如果那么模块

“如果……那么……”这样的指令叫作判断指令。我们设定条件，如果满足条件，就执行那么后面的指令。例如，妈妈说：“如果你作业做完了，那么可以去玩游戏。”“作业做完了”就是条件，“可以玩游戏”就是满足条件后执行的事情。

2. 数学题

数学题的内容是“请说出一个大于 1，小于 10 的数字”，即我们输入的数字应当“大于 1”并且“小于 10”，用 Scratch 中的条件表示就是 回答 > 1 且 回答 < 10，这是使用数字与逻辑运算模块中的 且 、 > 、 < 和侦测类模块中的 回答 组合而成的，如图 8.3。

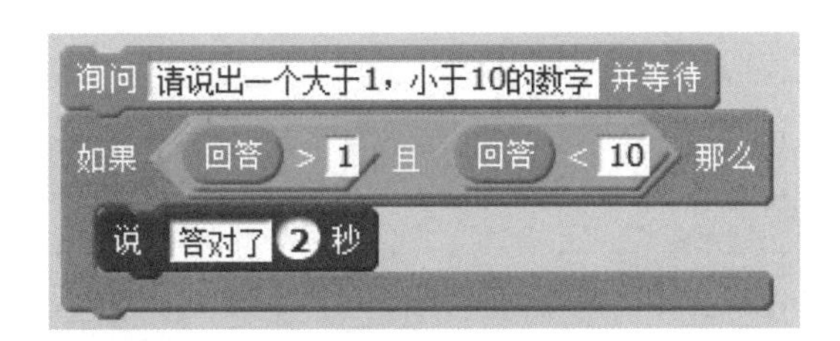

图8.3　逻辑“且”判断

3. 英语题

英语题的内容是“wizard 是什么意思”，我们输入的答案可以是“魔法师”或“巫师”，所以条件就是 回答 = 巫师 或 回答 = 魔法师 。这次用到了数字与逻辑运算模块中的 或 ，如图 8.4。

询问 wizard是什么意思 并等待
如果 回答 = 巫师 或 回答 = 魔法师 那么
说 答对了 2 秒

图8.4　逻辑“或”判断

4. 测试保存

将三段脚本组合，测试运行，并保存。

本课都学习了哪些知识？来看看思维导图，总结一下吧。

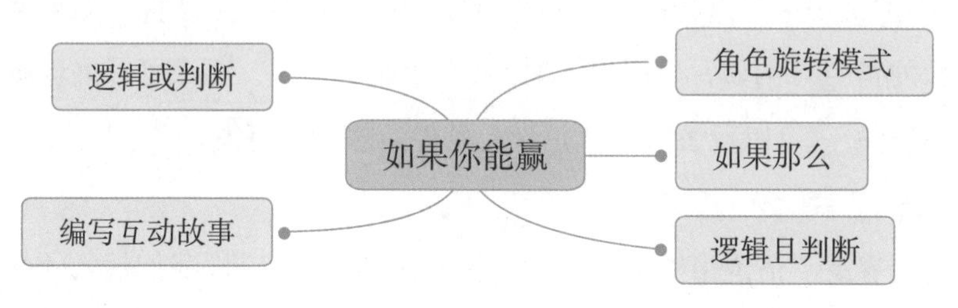

任务拓展

1. 打开素材编写脚本吧，最后的挑战到了！龙还会问你一道科学问题，若答对了，你便能进入城堡；若答错了，你便只能化为灰烬……

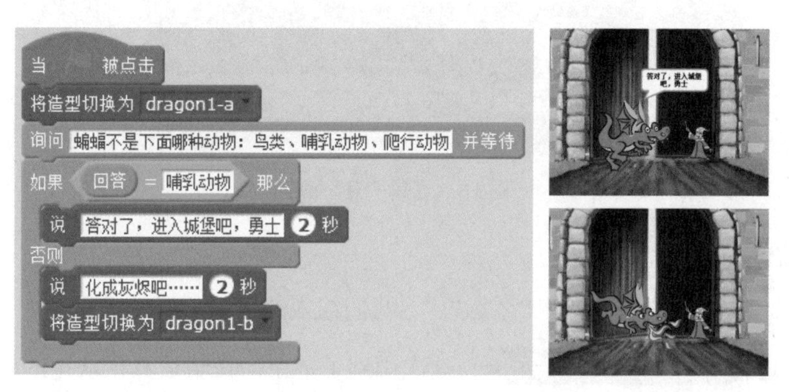

“如果……那么……否则……”的作用是，如果符合条件，执行那么后面的指令；如果不符合条件，执行否则后面的指令。

不成立 表示如果空格中的条件不成立，就符合软件条件。就像妈妈说：“如果这次体育测试不是 100 分，那你就要加强锻炼了。”用 Scratch 中的命令表示就是：

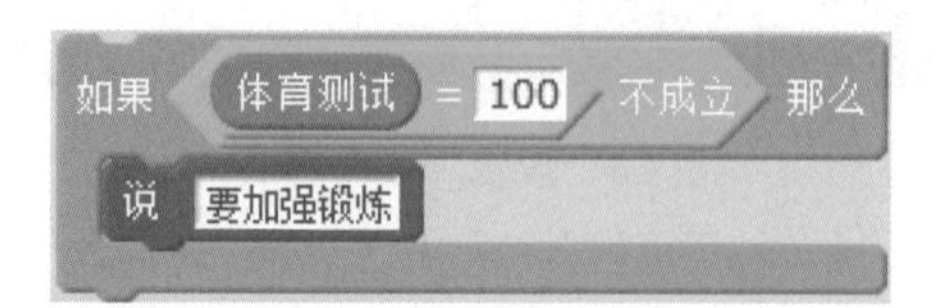

项目9 探险不停歇

项目演示

探险不停歇.sb2

项目情境

身为魔法师的你闯进了一座森林中的古堡，一条强大的龙成为你的伙伴。刚刚走下台阶，一只精灵就向你们扑来。快大喊三声咒语，命令龙用火焰消灭它吧！

任务描述

在本课任务中，总共有魔法师、龙和幽灵三个角色。魔法师的三声咒语、幽灵的移动和幽灵切换造型用到了三种不同的重复指令。而命令龙用到了广播指令，龙喷火是通过切换造型实现的。

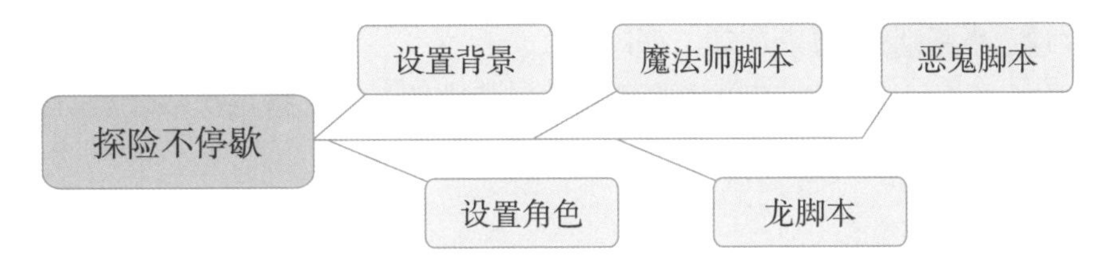

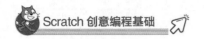

任务实现

一、设置背景和角色

1. 选择背景

从背景库中选择舞台背景，主题选择古堡，选择古堡 castle4。

2. 设置角色

从角色库选取角色，主题选择古堡，选择龙 dragon、魔法男孩 wizard boy 和幽灵 ghoul 三个角色。调整角色大小，摆放到合理位置。在角色属性中调整幽灵方向为 –90 度，并设置旋转模式为左右翻转。龙和幽灵的角色可以选择造型，看看它们有几个造型，分别是什么名称，如图 9.1。

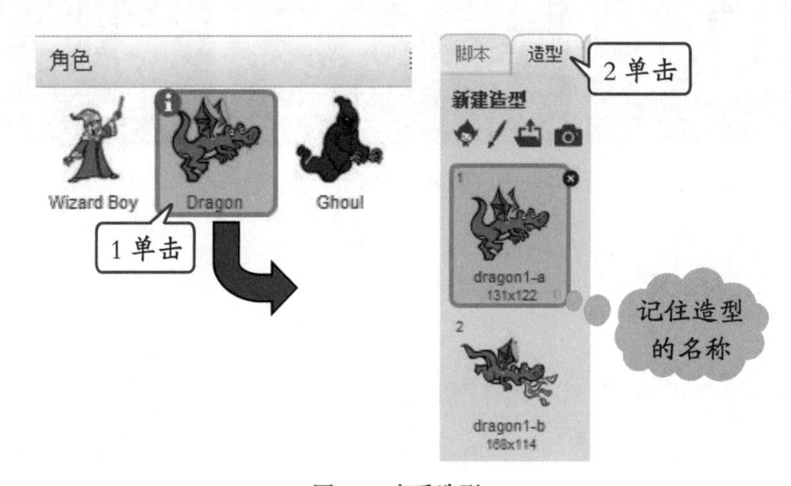

图9.1 查看造型

二、编写脚本

1. 魔法师脚本

选择魔法师角色，在事件类模块中找到 当按下 空格键 并添加。添加 重复执行 10 次，并修改次数为 3 次。添加 说 Hello! 2 秒，并修改内容为“喷火退敌”，修改时间为 1 秒。在事件类模块中找到 广播 message1 并添加，如图 9.2。

“重复执行几次”指令，可以指定重复执行的次数，到了指定次数之后，退出循环。我们把各种重复指令叫作循环语句。

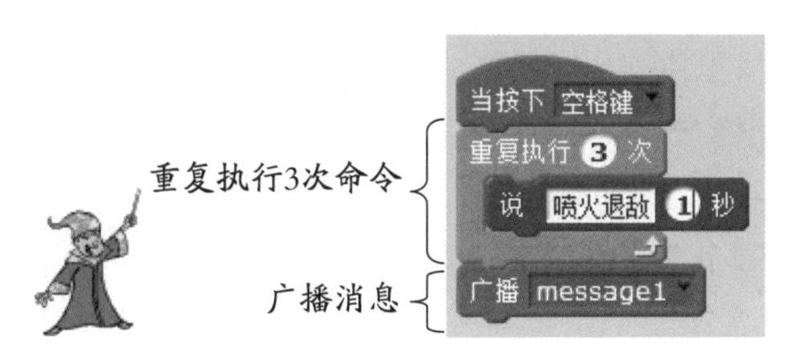

图9.2　魔法师脚本

魔法师脚本的开始事件是当按下 空格键，需要按下空格键，才会响应。

2. 龙脚本

选择龙角色，添加当 被点击，在外观类模块中找到将造型切换为 dragon1-b添加，并将造型修改为 dragon1-a。在事件类模块中找到当接收到 message1，添加将造型切换为 dragon1-b，如图 9.3。按空格键，测试龙的脚本能否运行。

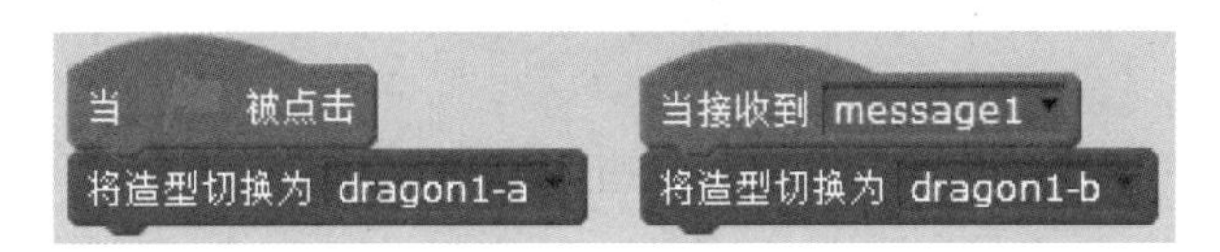

图9.3　龙脚本

魔法师脚本中发出了广播消息“message1”。在这里，龙接收到广播消息“message1”后就会切换成喷火造型。

3. 精灵脚本

选择精灵角色，添加当 被点击，再添加显示，在运动类模块中找到移到 x: 196 y: -95并添加，修改数字为 196 和 –95。

在控制类模块中找到重复执行直到并添加，在侦测类模块中找到碰到颜色 ?添加在重复命令条件框中，并设置颜色为龙喷吐的火焰颜色，如图 9.4。添加移动 10 步在其中，修改步数为 1 步。添加隐藏。

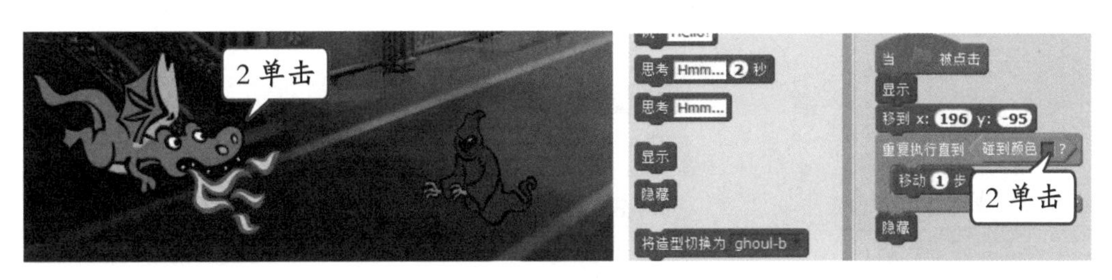

图9.4　精灵脚本1

“重复执行直到”指令设定了循环结束的条件，即直到符合条件就会退出循环。在该脚本中，点击 当 被点击 后，精灵角色会重复移动，直到碰到龙喷吐的火焰颜色，精灵角色才会隐藏起来。

脚本开始的 显示 和 移到 x: 196 y: -95 ，作用是让角色能够在故事开始时显示出来，并且回到舞台的最右侧。

为了让幽灵造型不断切换，更加逼真，我们再添加一个 当 被点击 ，在控制类模块中找到 重复执行 并添加，在外观类模块中找到 下一个造型 ，添加 等待 1 秒 ，修改时间为 0.3 秒，如图 9.5。

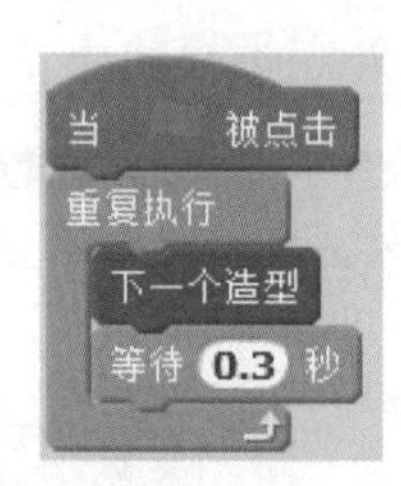

图9.5　幽灵脚本2

“重复执行”指令没有退出循环的条件，会一直执行下去。

这课我们学习了 3 种重复指令，分别是有次数循环的“重复执行几次”、有条件循环的“重复执行直到”、无条件循环的“重复执行”。

4. 测试运行

脚本编写完后，如图 9.6，测试运行，并保存。

图9.6　测试运行

本课都学习了哪些知识？来看看思维导图，总结一下吧。

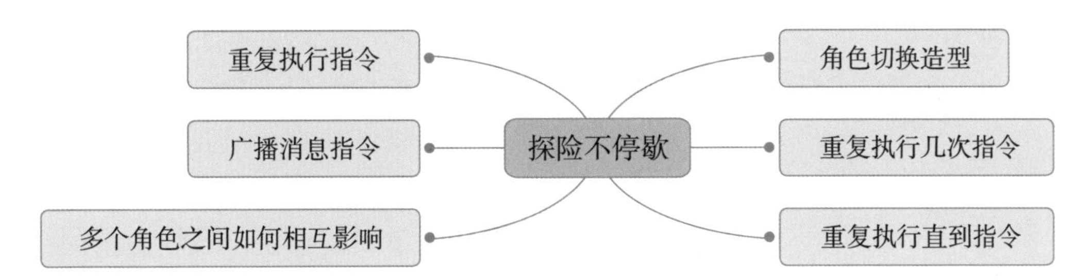

任务拓展

1．在海洋馆中，动物们都睡着了。快打开素材，参考下面脚本，使用重复指令让它们都游动起来吧。

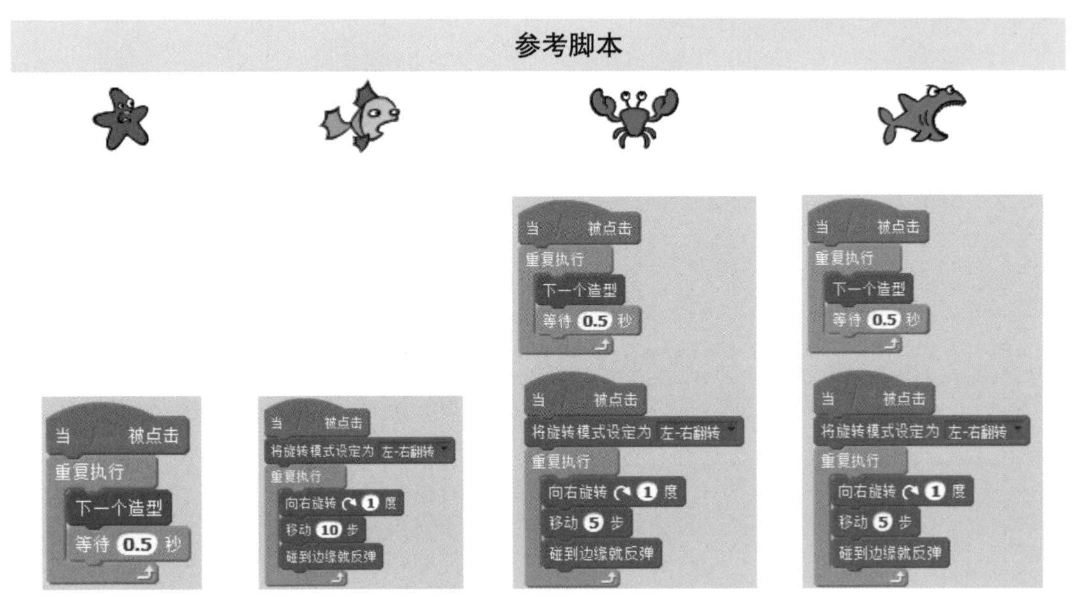

2. 根据所学，自己创建一个探险小故事。在创建之前，先做好设计规划吧。

作品名称：

作品草图：

思维导图：

项目10 走路去购物

项目演示

走路去购物.sb2

项目情境

节日要到了，我们的主人公要到市中心去购物。他跨过斑马线，走上街道，来到街对面的商店门口。他走进商店，里面的商品真多啊！

任务描述

在本课任务中，有一个角色和两个背景。人物的移动是通过改变坐标实现的，用键盘上的上、下、左、右键进行控制。人物向左或向右移动时，会改变面对的方向。人物走路的造型切换是通过重复执行指令实现的。背景分别是室外街道和室内商店，背景切换的条件是人物碰到商店遮阳棚上的蓝色。

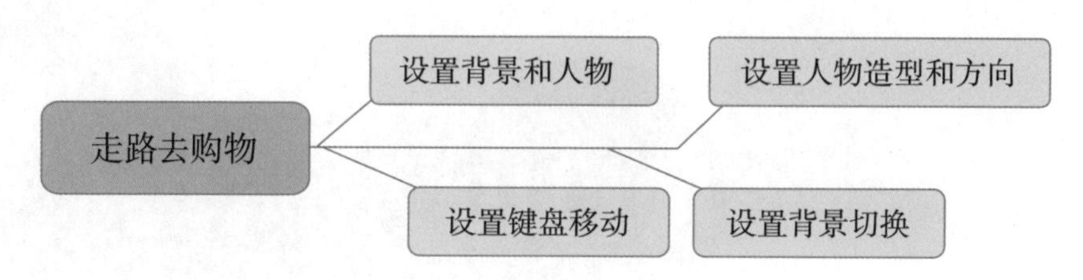

一、设置背景和角色

1. 选择背景

从背景库中选择舞台背景，在户外分类中，选择都市 urban2，在室内分类中，选择服装店 clothing store。

2. 设置角色

从角色库中选取角色，主题选择行走，选择行走男孩 Boy3 Walking，并在角色属性中设置旋转模式为左右翻转。

二、编写脚本

1. 移动人物

在事件类模块中找到 当按下 空格键 并添加 4 次，分别修改为“上移键”“下移键”“左移键”“右移键”。

上下移动：在动作类模块中找到 将y坐标增加 10，添加到“上移键”下方，并修改为“将 y 坐标增加 -10”，添加到“下移键”下方。

左右移动：找到 面向 90 方向 和 将x坐标增加 10，添加到“右移键”下方，并修改为“面向 -90 方向”和“将 x 坐标增加 -10”，添加到“左移键”下方，如图 10.1。

在 Scratch 中，每个角色都可以用两个数字表示的坐标来确定位置。在图 10.1 中，角色处于舞台正中位置，他的坐标就是（X：0，Y：0），x 表示横向位置，y 表示纵向位置。

如果需要角色向上移动，就增加 y 坐标；需要向下移动，就减少 y 坐标；需要向右移动，就增加 x 坐标；需要向左移动，就减少 x 坐标。在指令中，我们用负数来表示减少，例如 将y坐标增加 -10。

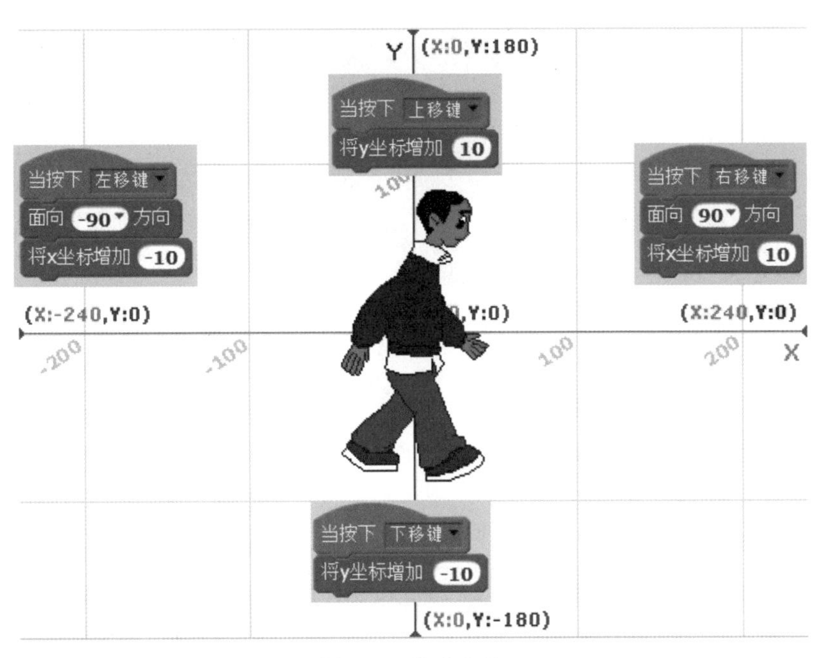

图10.1 移动人物

2. 背景切换

按图 10.2 编写脚本，在脚本开始时，将背景切换到 urban2；当人物接触到室外街道遮阳棚上的蓝色时，将背景切换到 clothing store。

图10.2 背景切换

在 之前一直等待 指令模块会在条件满足前一直等待，等到条件满足后再执行下面的指令。

这里要是使用“如果……那么……”指令，就不会有等待的效果，因为单击绿旗时，游戏刚刚开始，人物无法接触到颜色，从而系统判断为不符合条件，就不执行“那么”下面的指令。因此，脚本只有在外面套上“重复执行”指令，才能不断进行判断，起到相同效果。

3. 造型切换

按图 10.3 编写脚本，让人物的造型反复切换，产生走动效果。

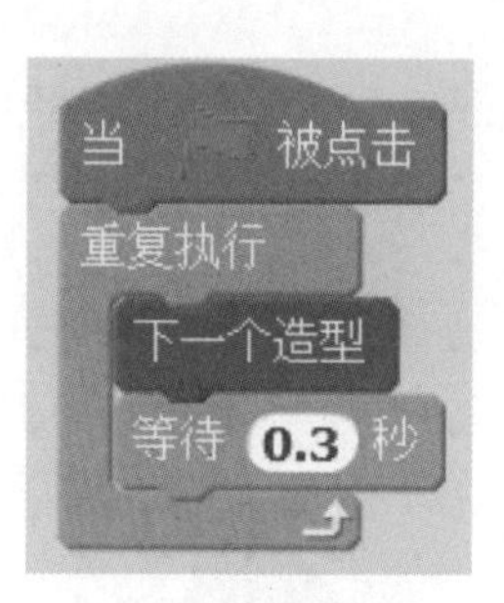

图10.3　造型切换

4. 测试运行

脚本编写完成后，如图 10.4，测试运行，并保存。

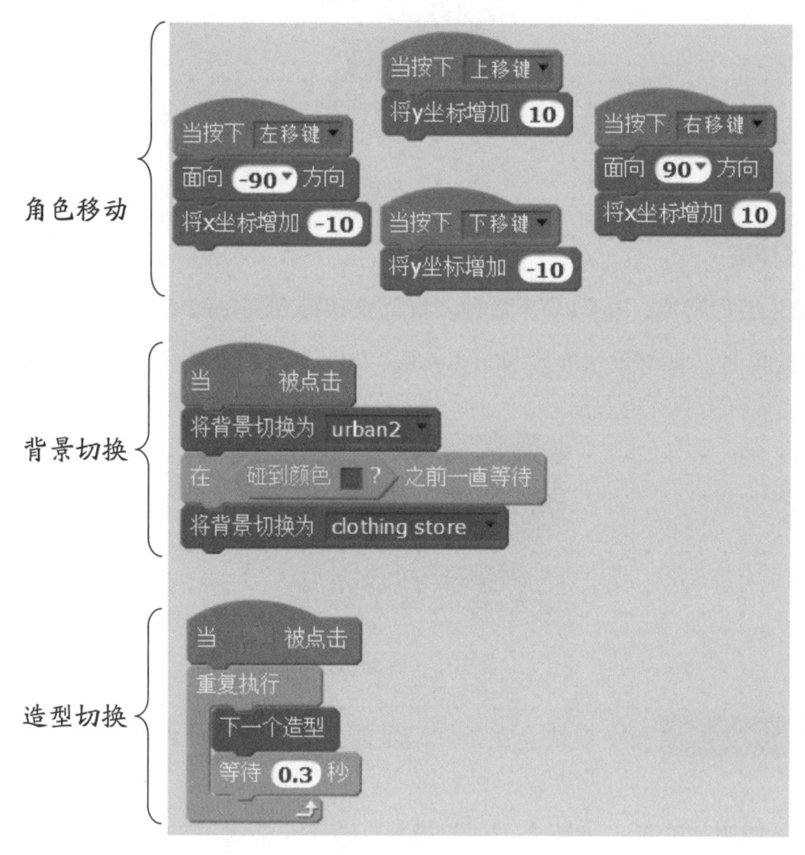

图10.4　测试运行

本课都学习了哪些知识？来看看思维导图，总结一下吧。

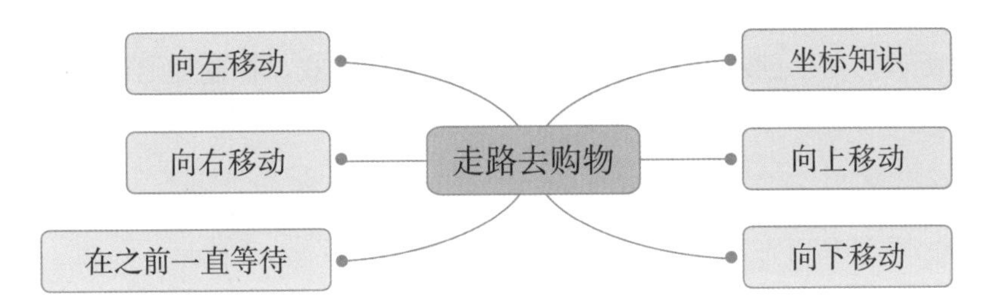

任务拓展

1. 打开素材，参考下面的表格，尝试编写脚本控制小甲虫。

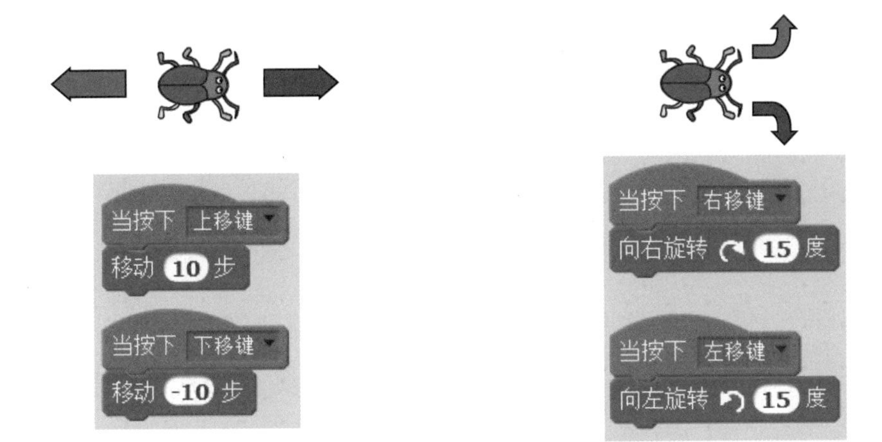

在上面任务中，对小甲虫没有使用改变坐标的方法进行移动，而是使用前进、后退、左转、右转的方式移动角色。这样控制角色，一般要求角色处于俯视视角，并且头向右。

编写苹果角色的脚本如下，让小甲虫吃掉苹果吧。

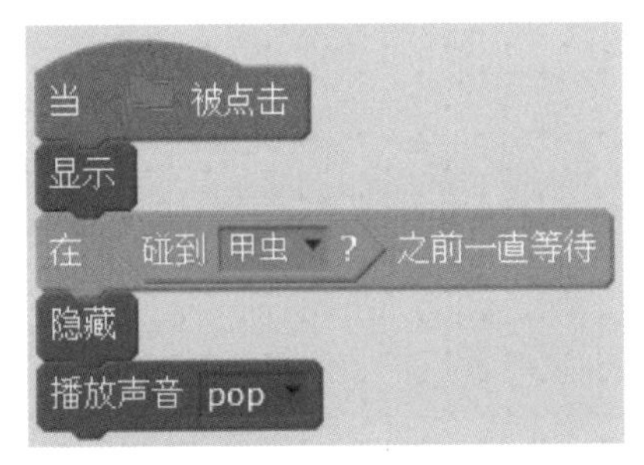

2. 根据所学，自己创建一个用键盘控制角色的小游戏。在创建之前，先做好设计规划吧。

作品名称：

作品草图：

思维导图：

项目11 小鼠偷美食

项目演示

贪吃小老鼠.sb2

项目情境

一只馋嘴的小老鼠，溜进了厨房里。它发现桌上放着香蕉和苹果，柜子里还有一个大橙子。它爬上爬下，把美食全都吃光啦。

任务描述

在本课任务中，小老鼠的移动是通过鼠标控制的，当鼠标在一处单击时，小老鼠就会很快移动到这个地方。水果在碰到小老鼠之前一直显示，在碰到小老鼠后就隐藏起来，看上去就是被吃掉了。水果虽然不一样，但是它们的脚本却是一样的，可以用复制脚本来提高编程效率。

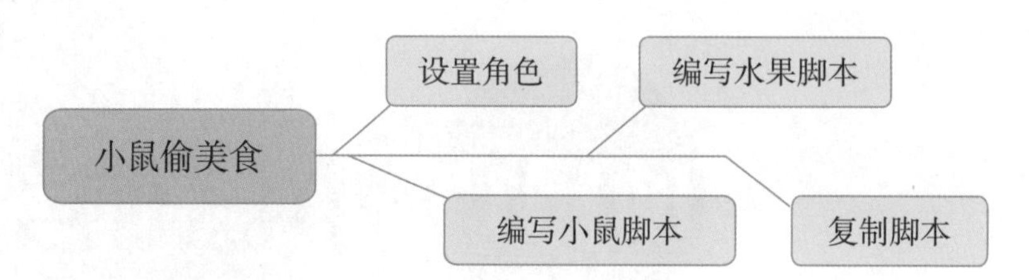

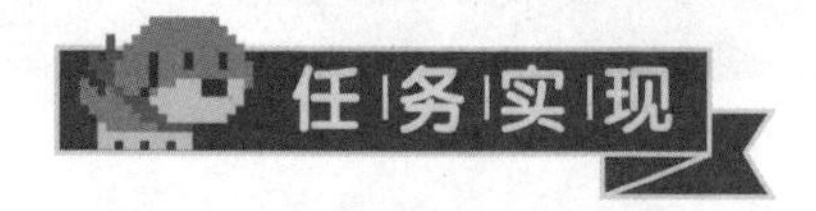

一、设置背景和角色

1. 选择背景

从背景库中选择舞台背景，在室内分类中，选择厨房 kitchen。

2. 设置角色

从角色库中选取角色，选择香蕉 Bananas、苹果 Apple、橙子 Orange 和小老鼠 Mouse1。将角色摆放在合适的位置，并调整大小。将角色名称 Mouse1 修改为中文“小老鼠”。

二、编写脚本

1. 小鼠脚本

选择小鼠角色，添加 当 被点击，添加 重复执行，在其中添加如果那么模块 如果 那么。

在侦测类模块中，找到 下移鼠标 添加到条件中。

在动作类模块中，找到 面向，修改为 面向 鼠标指针 添加在下方。

再找到 在 1 秒内滑行到 x: 0 y: 0，添加在下方。在 x 坐标位置，在侦测类模块中找到 鼠标的x坐标 添加；在 y 坐标位置，找到 鼠标的y坐标 添加。如图 11.1。

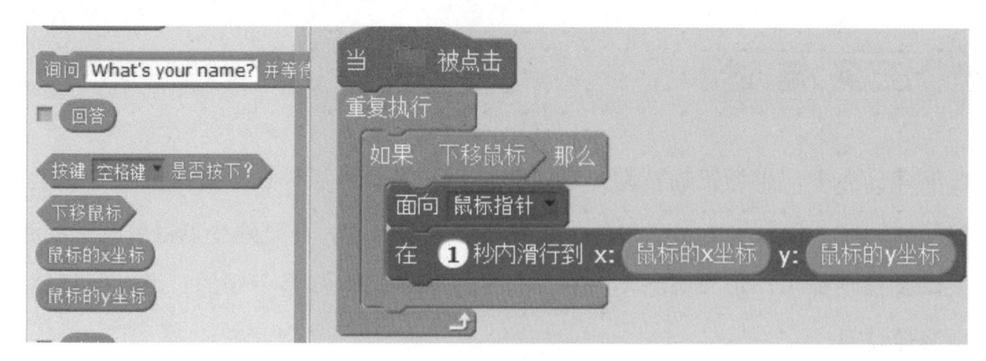

图11.1　小鼠脚本

在“重复执行”中嵌套了一个“如果……那么……”，这样就会不断重复执行判断指令，一旦符合条件就执行“那么”下面的指令。

下移鼠标 的意思就是单击鼠标左键。

面向 鼠标指针 的作用是角色会指向鼠标指针所在的方向。

在 1 秒内滑行到 x: 0 y: 0 的作用是角色会在 1 秒内滑行到指定的坐标位置，和 移动 10 步 即立即移动的效果是不同的。鼠标的x坐标 和 鼠标的y坐标 是让小鼠能够移动到鼠标单击时所在的位置。

2. 水果脚本

选择香蕉角色，按图 11.2 编写脚本，添加 当 被点击，添加 显示，添加 在 之前一直等待。在侦测类模块中找到 碰到 ?，修改为 碰到 小老鼠 ?，在下面添加 隐藏。

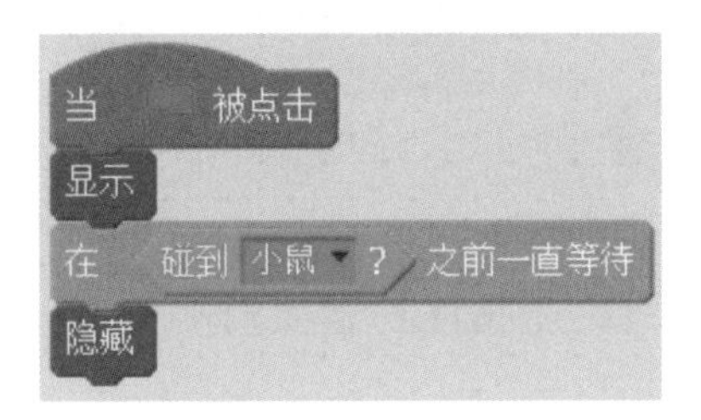

图11.2 背景切换

碰到 ? 模块和前面的 碰到颜色 ? 模块的作用相似，但它侦测的对象不是颜色，而是其他角色或鼠标指针、舞台边缘。在该脚本中，水果在脚本开始后显示，在碰到小老鼠后隐藏，看上去就像是水果被吃掉了。

3. 复制脚本

按图 11.3 编写脚本，将香蕉的脚本复制给其他水果。

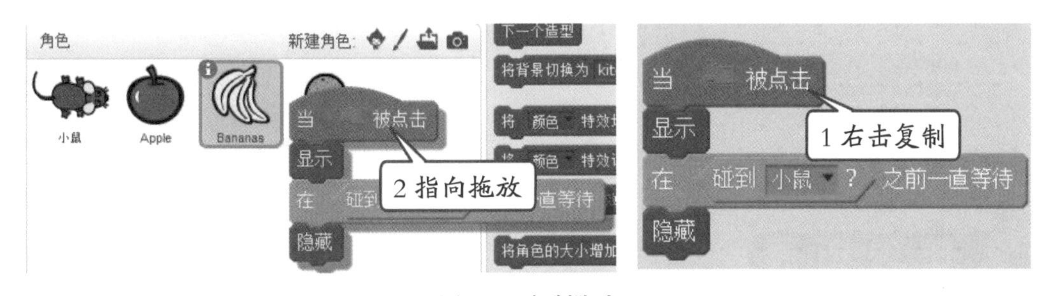

图11.3 复制脚本

4. 测试运行

脚本编写完成后，如图 11.4，测试运行，并保存。

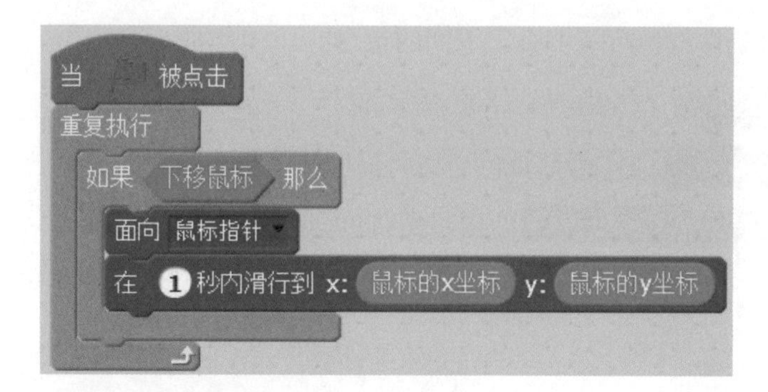

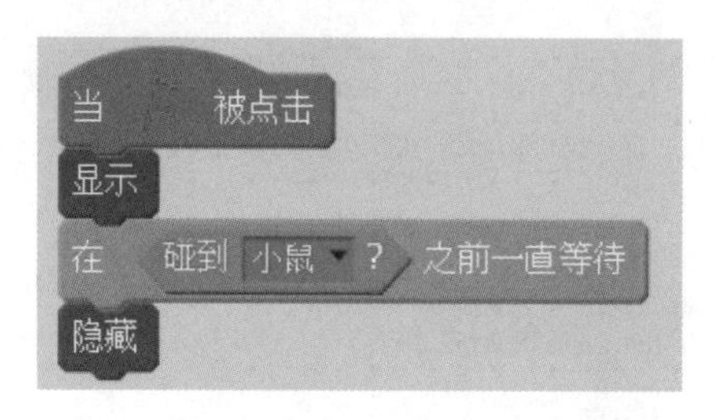

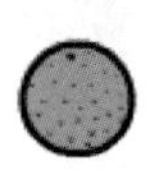

图11.4 测试运行

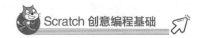

本课都学习了哪些知识？来看看思维导图，总结一下吧。

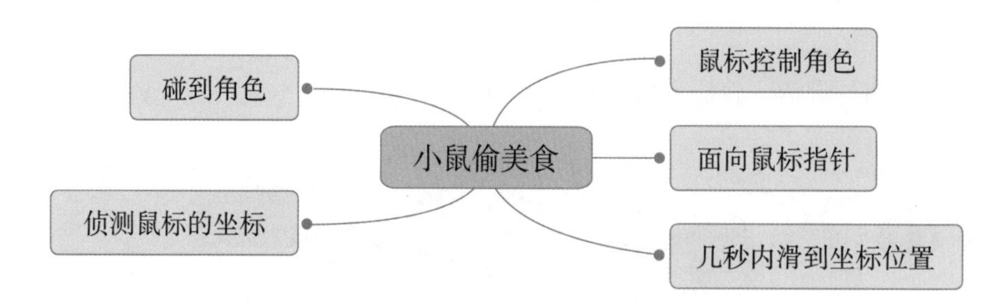

任务拓展

1. 节日快到了，用神奇的魔法棒射击礼物，把它们全都收入囊中吧！小心，有假的礼物哦。

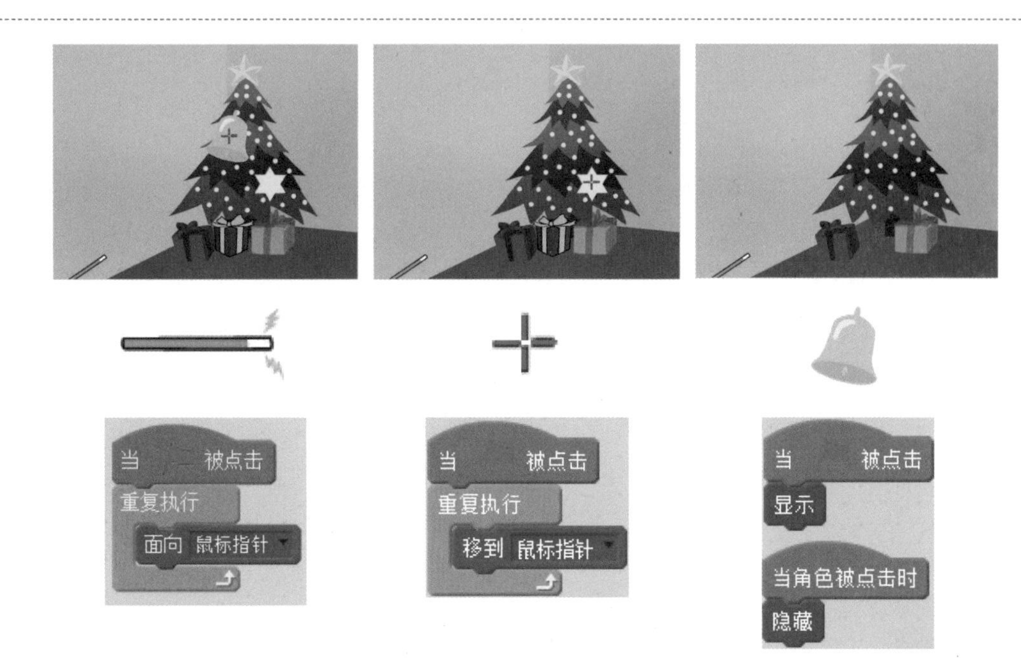

魔棒角色能够随着鼠标转动，是因为执行了 面向 指令模块，且修改为 面向 鼠标指针，并重复执行。

准星角色始终随着鼠标移动，是因为重复执行了 移到 鼠标指针。准星的中间是空心的，这样鼠标才不会被角色遮挡，能够顺利地单击到礼物。

礼物角色，当 被点击时显示，当被点击时就会隐藏起来。

在这个练习中，我们学习了利用鼠标控制角色的另一种方法，就是像准星那样一直跟随鼠标，鼠标指到哪，角色就移动到哪里。

2. 根据所学，自己设计一个用鼠标控制角色的小游戏。在创建之前，先做好设计规划吧。

作品名称：

作品草图：

思维导图：

项目12 小鼠历险记

项目演示

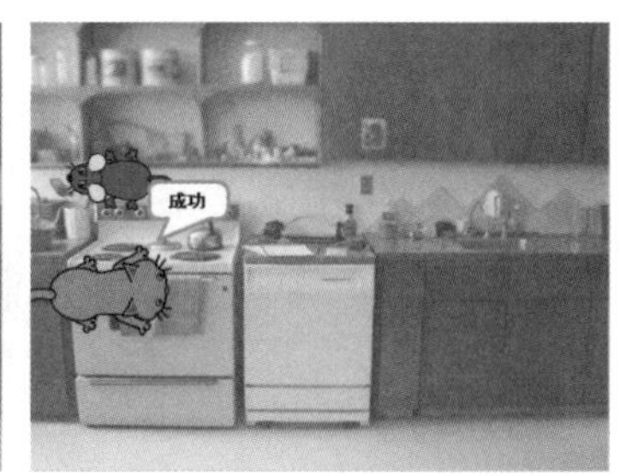

小鼠历险记.sb2

项目情境

小老鼠又溜进了厨房，它发现桌子上还趴着一只睡着的大黄猫，只要不碰醒它，小老鼠就可以吃完苹果，完成任务。

任务描述

本课任务是一个可以计分的小游戏，得分显示在左上角。每颗苹果记 1 分，小老鼠要吃掉全部苹果，得到 5 分，才能成功完成游戏任务。计分使用的是 Scratch 数据模块中的变量。

小老鼠的移动是通过鼠标控制的。小老鼠如果碰到苹果，苹果会隐藏，并发出广播消息。小老鼠接收到消息，得分就会增加。小老鼠碰到小猫，游戏就失败啦！

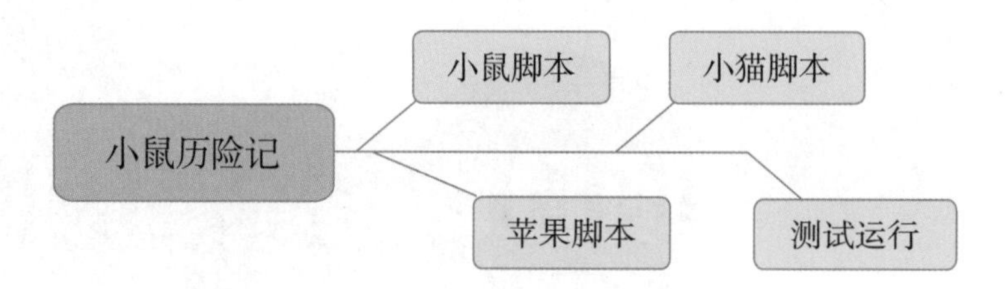

一、设置背景和角色

1. 选择背景

从背景库中选择舞台背景，在室内分类中，选择厨房 kitchen。

2. 设置角色

从角色库中选取角色，选择苹果 Apple、小老鼠 Mouse1、小猫 Cat2。将角色摆放在合适的位置，并调整大小。将角色名称 Mouse1 修改为中文“小老鼠”。

二、编写脚本

1. 小老鼠脚本

如图 12.1，编写小老鼠移动脚本。

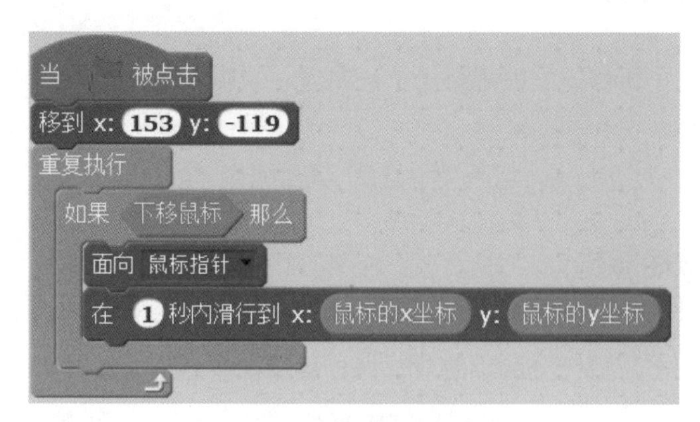

图12.1　小鼠移动脚本

移到 x: 153 y: -119 的作用是让小老鼠在游戏开始时位于画面右下角，不会误碰到苹果或小猫。小猫也有相同作用的指令，请你找一找在哪里。

如图 12.2，找到数据类模块，创建“得分”变量。

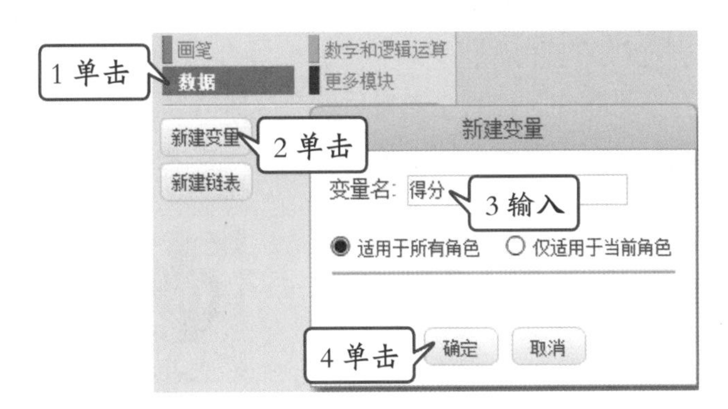

图12.2 创建变量

“变量”就是一个变化的量。我们可以用它来记录数值，比如本课任务中的“得分”。新建变量后，就会出现很多相关的模块。

如图 12.3，利用数据类模块中出现的指令模块，编写计分脚本。

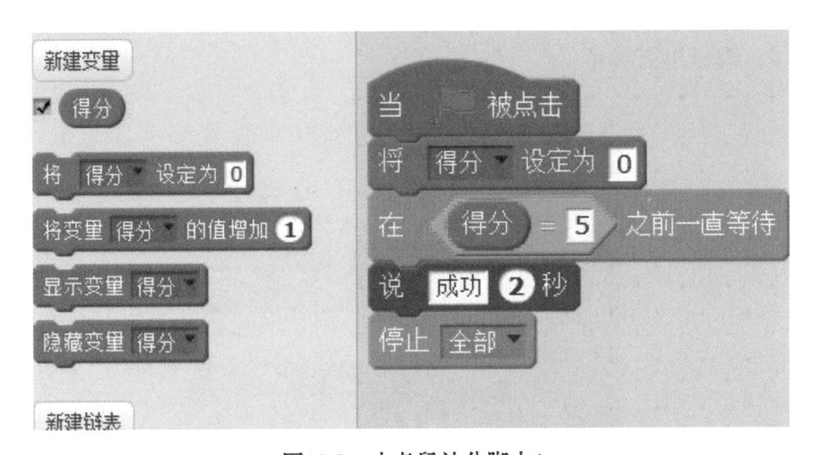

图12.3 小老鼠计分脚本1

在新建变量后，要先对它设定一个初始值。将 得分 设定为 0 的作用就是在脚本开始时将得分清零，以防上次玩的分数影响本局游戏。在编写脚本时，我们要养成对角色和数据初始化的习惯。

如图 12.4，继续编写小老鼠计分脚本，接到广播消息就加 1 分。

图12.4 小老鼠计分脚本2

2. 苹果脚本

如图 12.5，编写苹果脚本，碰到小老鼠后就会广播消息。编写好一个苹果的脚本后，可以在苹果角色上右击复制，复制出其他 4 个苹果。

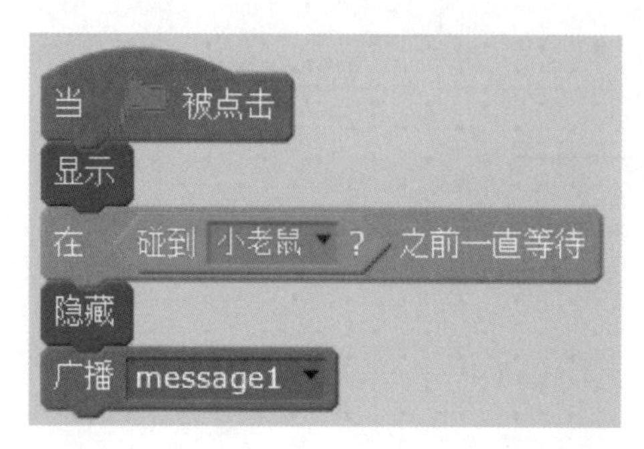

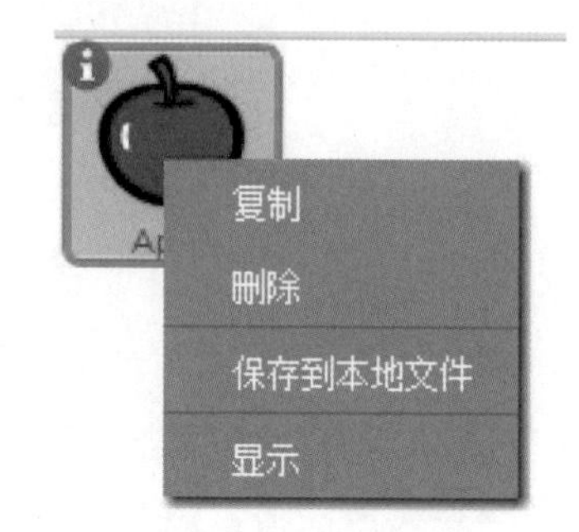

图12.5　苹果脚本和复制苹果

3. 小猫脚本

如图 12.6，编写小猫脚本。

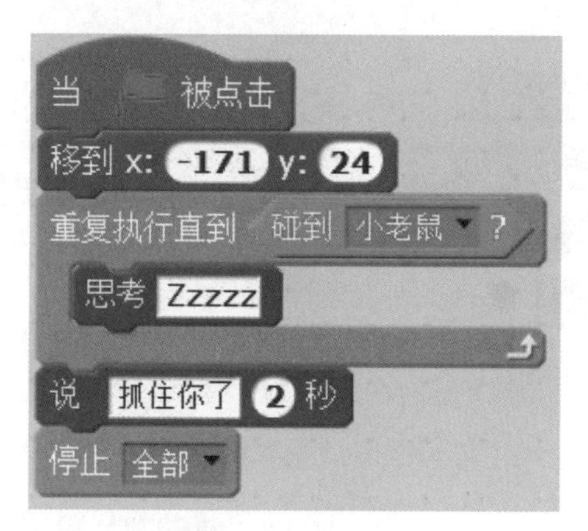

图12.6　小猫脚本

停止 全部 的作用是让全部角色的全部脚本停止。

4. 测试运行

脚本编写完成后，如图 12.7，测试运行，并保存。

```
当 被点击
移到 x: 153 y: -119
重复执行
    如果 下移鼠标 那么
        面向 鼠标指针
        在 1 秒内滑行到 x: 鼠标的x坐标 y: 鼠标的y坐标
```

```
当接收到 message1
将变量 得分 的值增加 1
```

```
当 被点击
将 得分 设定为 0
在 得分 = 5 之前一直等待
说 成功 2 秒
停止 全部
```

```
当 被点击
移到 x: -171 y: 24
重复执行直到 碰到 小老鼠 ?
    思考 Zzzzz
说 抓住你了 2 秒
停止 全部
```

```
当 被点击
显示
在 碰到 小老鼠 ? 之前一直等待
隐藏
广播 message1
```

图12.7 测试运行

本课都学习了哪些知识？来看看思维导图，总结一下吧。

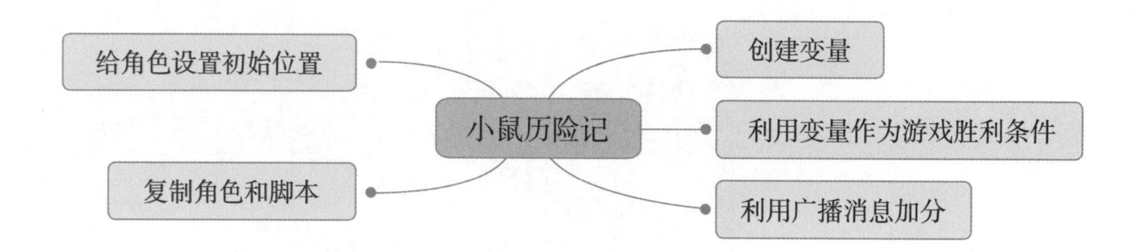

任务拓展

1. 大黄猫醒了，只要老鼠接近到一定距离，它就会扑上来。请思考：将小猫重复执行的内容改成如下语句，小老鼠还能完成游戏吗？

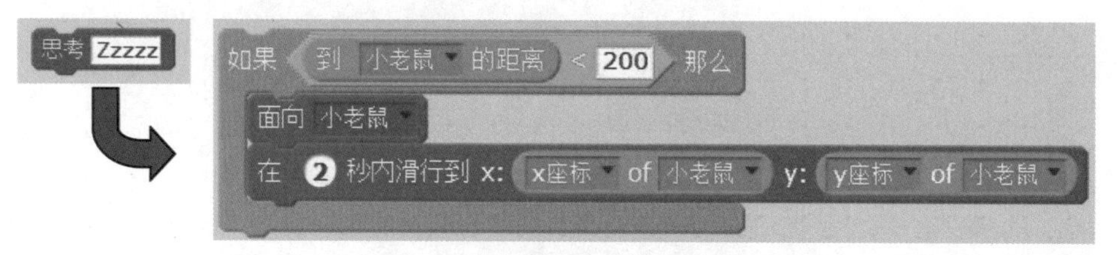

2. 根据所学，自己创建一个使用变量的小游戏。在创建之前，先做好设计规划吧。

作品名称：

作品草图：

思维导图：

我演课本剧.sb2

又到新学期，我们拿到了崭新的英语课本。翻开有着独特墨香的课本，课本中的人物一个个鲜活起来。在校门口，他们互相打着招呼。在课堂上，他们和老师讨论问题。在操场上，他们锻炼身体，谈论自己熟悉的体育活动。如果我们能把他们之间的对话，制作成英语课本剧，那一定很精彩！

任务描述

用 Scratch 软件制作一个英文课本剧，来模拟英语课文中的场景。地点是学校，人物是两个男生小明和大雷。小明说："Hello!" 大雷说："Nice to meet you!" 小明又说："I have a new schoolbag." 大雷好奇地说："May I see it?" 前一个人说完话后，给后一个人发信息，后一个人再开始说话。大雷在说话时，还有造型的切换。

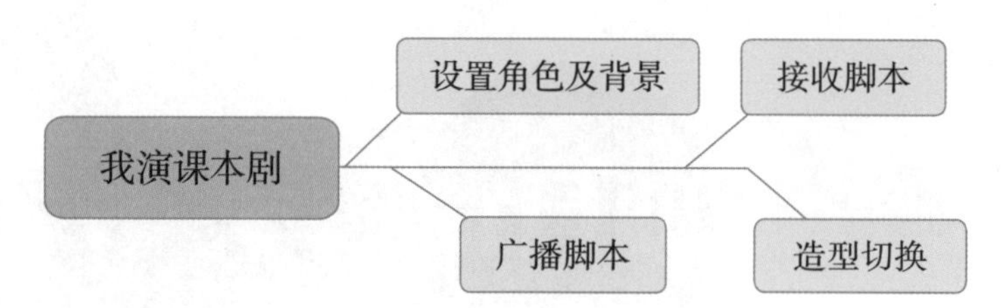

一、设置背景和角色

1. 打开软件

打开 Scratch 软件并切换语言为“简体中文”。

2. 选择背景

用 新建背景 中的“从背景库中选择背景”，选择背景为“School2”图片。

3. 修改背景

利用 T 工具，在该图片中添加英文“School”，如图 13.1。

图13.1　添加了英文的学校大门图片

4. 选取角色

用 新建角色: 中的“从角色库里选取角色”，选择 boy1 和 boy5 两个角色，将角色改名为“大雷”和“小明”，如图 13.2。

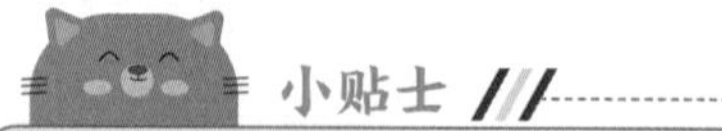

这里只能输入英文，不能输入中文哦。如果想显示中文，可以用图片处理软件将图片加上中文，再用作背景。

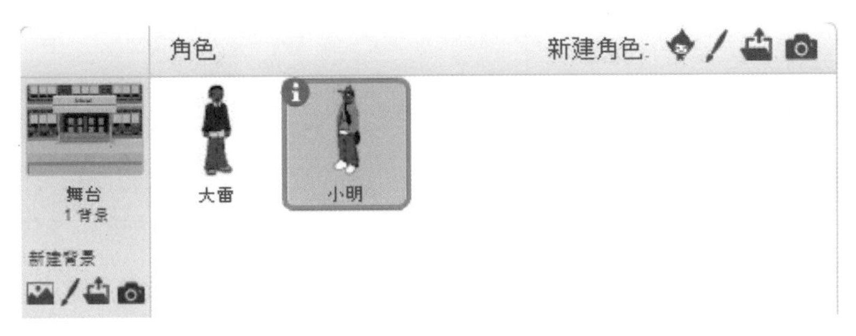

图13.2 添加角色

二、编写脚本

1. 小明说第一句话

角色“小明”说第一句话，并广播“message1”，脚本如图 13.3。

2. 大雷说第二句话

角色“大雷”接收到“message1”信号后，切换一个造型，开始说第二句话，并广播“message2”，脚本如图 13.4。

图13.3 小明说第一句话的脚本

图13.4 大雷说第二句话的脚本

3. 小明说第三句话

角色“小明”接收到“message2”后，开始说第三句话，并广播“message3”，脚本如图 13.5。

4. 大雷说第四句话

角色“大雷”接收到“message3”信号后，再切换一个造型，开始说第四句话，脚本如图 13.6。

图13.5 小明说第三句话的脚本

图13.6 大雷说第二句话的脚本

5. 保存文件

保存文件，并将其命名为“我演课本剧 .sb2”。

任务小结

用“广播消息”和“接收消息”作为对话的触发，可以不再考虑等待时间的问题，且对话时的造型切换，丰富了角色的肢体语言。

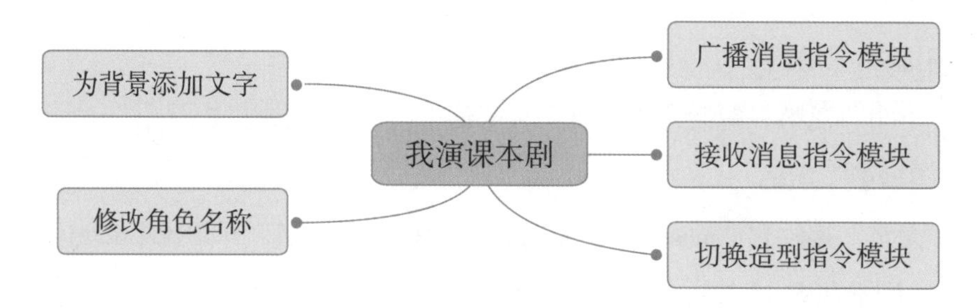

任务拓展

1. 请为本项目增加两个角色，编写脚本让他们完成如图 13.7 所示对话。

图13.7　两个女生的对话

美丽七色花.sb2

有首歌唱道："学校是我家，老师像妈妈！"我们在老师的引导下学习新知识，锻炼身体，磨炼意志。每年的9月10日是教师节，让我们用Scratch软件画出一朵朵美丽的七色花，献给尊敬的老师们。

用Scratch软件制作美丽七色花动画的步骤如下：首先，创建角色绘制一片花瓣，利用图章指令模块产生七片花瓣；然后，利用颜色特效指令模块使七片花瓣颜色各不相同；最后，使用移动指令模块和随机数，在不同的位置产生多个七色花。编程的过程是思维的过程，通过从一片到多片，从单色到多色，从固定位置到可变位置，我们可以从中体会到一步步优化程序的快乐。

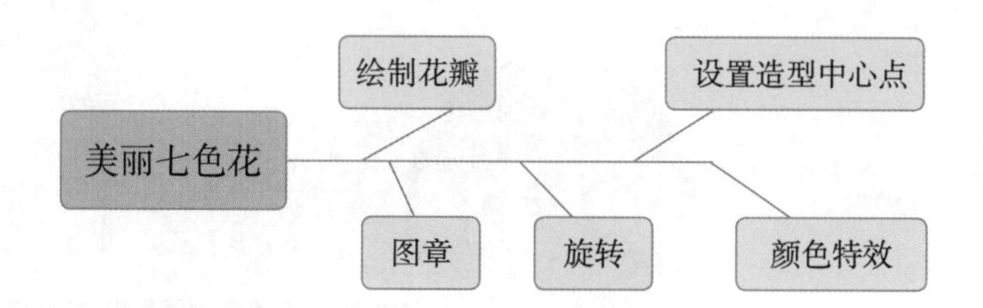

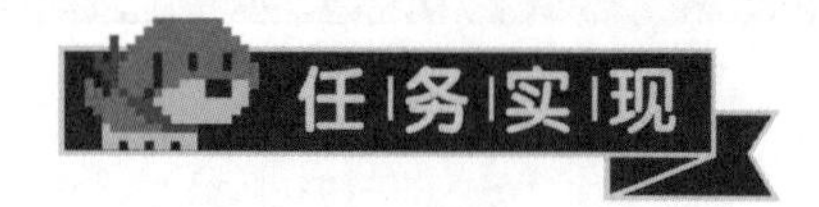

一、设置角色

1. 打开软件

打开 Scratch 软件并切换语言为“简体中文”。

2. 绘制花瓣外形

用 新建角色: 绘制新角色 中的“绘制新角色”，在“造型区”用“椭圆工具”绘制花瓣的外形，如图 14.1。

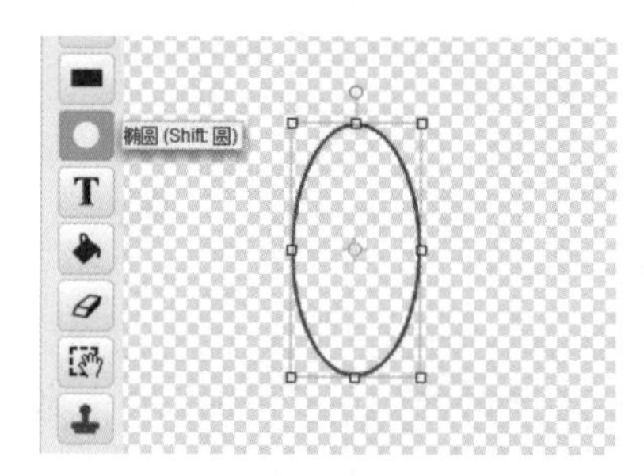

图14.1　绘制花瓣外形

3. 填充颜色

用“颜色填充工具”，在调色板区设置前景色为粉红色、背景色为白色，在左侧的三种渐变色中选一种，填充花瓣，如图 14.2。

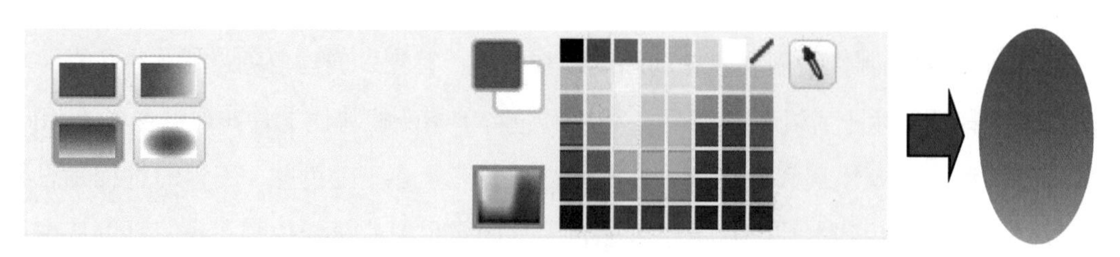

图14.2　填充花瓣

4. 设置花瓣中心

用 设置造型中心 工具，设置花瓣的中心在如图 14.3 位置。

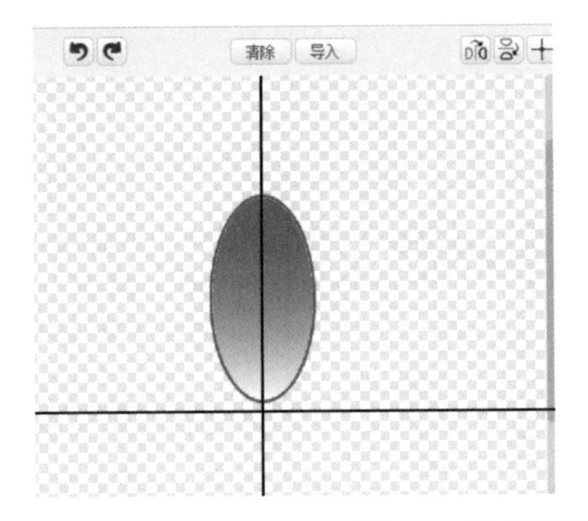

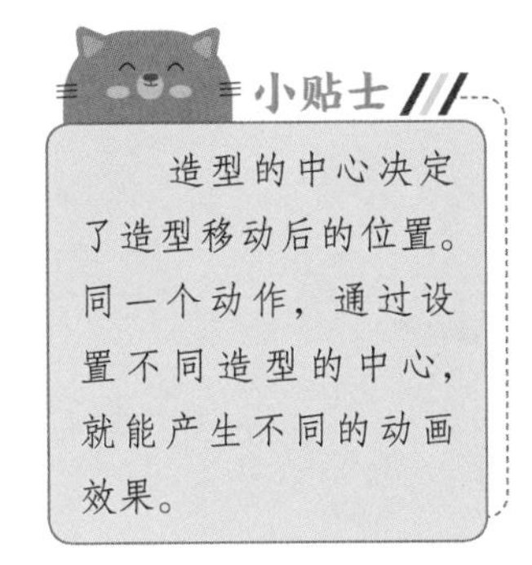

图14.3 设置花瓣的中心

5. 重命名角色

将绘制好的角色重命名为“花瓣”。

二、编写脚本

1. 图章指令

在角色“花瓣”的脚本编写区，以造型角色中心为圆心，使用“图章”指令模块形成七片花瓣。这里每片花瓣的旋转角度用 360/7 度来代表。脚本如图 14.4。

2. 颜色特效

为让七片花瓣呈现不同颜色，添加“颜色特效”指令模块，脚本如图 14.5。

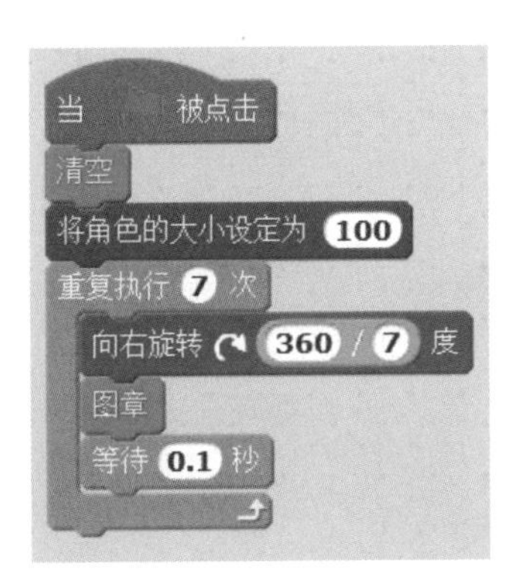

图14.4 形成七片花瓣的脚本

当 被点击
清空
将角色的大小设定为 100
重复执行 7 次
向右旋转 360 / 7 度
图章
将 颜色 特效增加 20
等待 0.1 秒

图14.5 一朵七色花的脚本

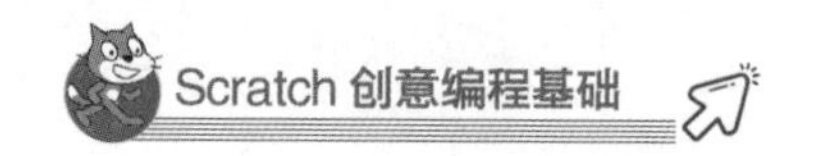

3. 丰富画面

为使画面丰富，使用“移动位置”和“改变角色大小”指令模块，脚本如图 14.6。

```
当 被点击
清空
将角色的大小设定为 100
重复执行 10 次
    移到 x: 在 -150 到 150 间随机选一个数 y: 在 -150 到 150 间随机选一个数
    重复执行 7 次
        向右旋转 360 / 7 度
        图章
        将 颜色 特效增加 20
        等待 0.1 秒
    将角色的大小增加 -10
```

图14.6　让画面丰富的脚本

4. 保存文件

保存文件，并将其命名为“美丽七色花 .sb2”。

“图章”指令模块的功能是复制角色，复制出的花瓣配合“旋转”和“循环”指令模块，就可以形成花朵。而花瓣的紧密程度与造型中心点有关。

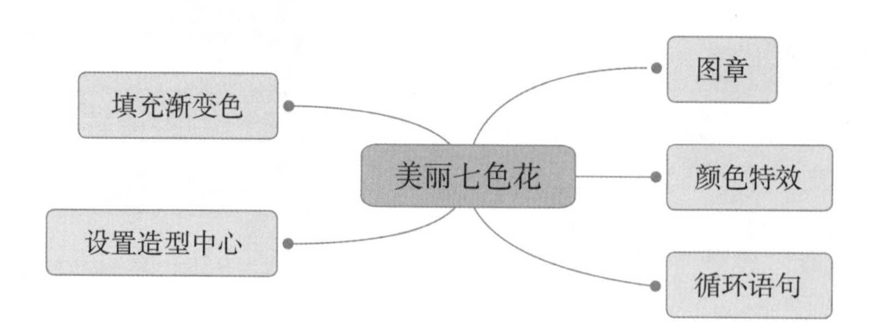

任务拓展

1. 绘制气球角色，编写脚本，让颜色不同、大小各异的气球漂浮在画面中。

项目15 蝙蝠哪里跑

项目演示

蝙蝠哪里跑.sb2

项目情境

黄昏时分，树丛中有蝙蝠出没，小猫承担起驱赶蝙蝠的任务。只见它的眼睛在夜色中炯炯发光，随时准备进击。狡猾的蝙蝠时而出现在空中，时而出现在枝丫边。让我们用 Scratch 软件让小猫更好地驱赶蝙蝠吧！

任务描述

用 Scratch 软件制作蝙蝠哪里跑游戏。游戏开始时将蝙蝠的生命值设为 100。每当小猫碰到蝙蝠，蝙蝠的生命值就减少 10。当蝙蝠的生命值减到 0 时，游戏结束。小猫的移动是跟随鼠标移动的。蝙蝠出现的位置在画面的中上方，随机出现，每次只显示 0.5 秒就隐藏。

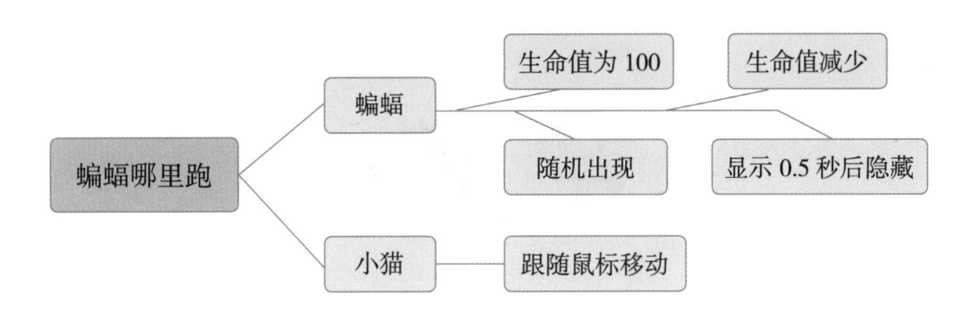

一、设置背景和角色

1. 打开软件

打开 Scratch 软件并切换语言为“简体中文”

2. 设置背景

在背景库中选择“woods”图片，在背景图片列表中，复制“woods”图片为“woods2”图片。在“woods2”图片中添加文字“GAME OVER!”，如图 15.1。

图15.1　背景设置

3. 添加角色

添加小猫和蝙蝠两个角色，将它们重命名为“小猫”和“蝙蝠”，如图 15.2。

图15.2　游戏角色

二、编写脚本

1. 小猫造型切换

让小猫角色一直切换跑动造型，脚本如图 15.3。将脚本拖动到角色区的“蝙蝠”角色上，完成脚本的复制。

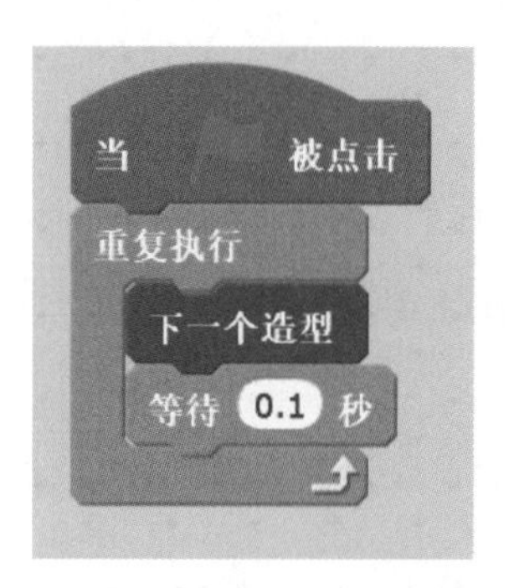

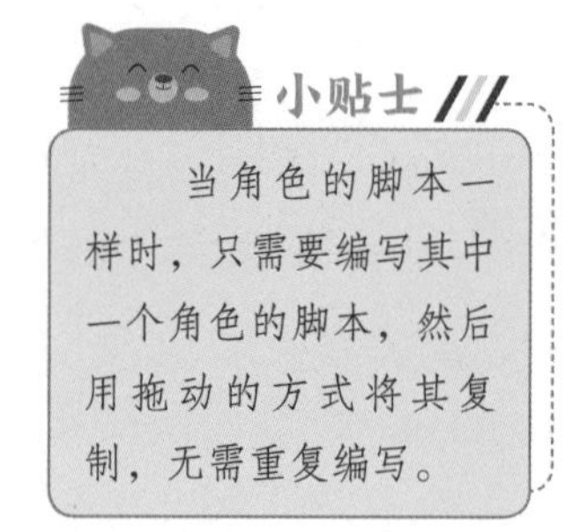

小贴士
当角色的脚本一样时，只需要编写其中一个角色的脚本，然后用拖动的方式将其复制，无需重复编写。

图15.3　小猫跑动及蝙蝠扇动翅膀的脚本

2. 蝙蝠脚本

让蝙蝠在画面上部随机显示，每次显示 0.5 秒就隐藏起来。隐藏的时间为 1 至 3 秒，脚本如图 15.4。

当 被点击
重复执行
显示
移到 x: 在 -240 到 240 间随机选一个数 y: 在 80 到 180 间随机选一个数
等待 0.5 秒
隐藏
等待 在 1 到 3 间随机选一个数 秒

图15.4　蝙蝠随机显示脚本

3. 新建变量

新建变量“蝙蝠生命值”，勾选使之显示在舞台，如图 15.5。

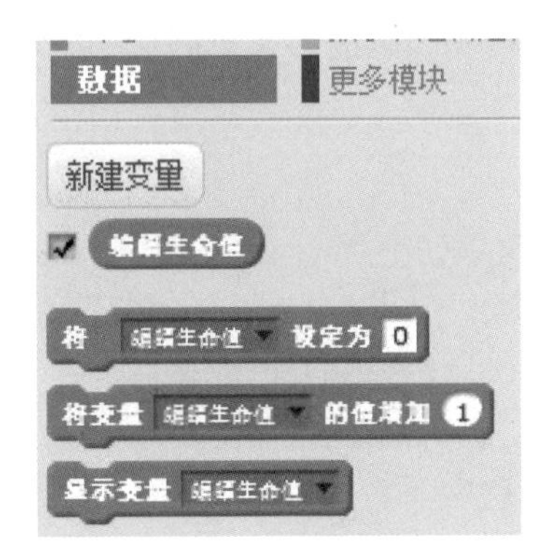

图15.5　新建“蝙蝠生命值”变量

4. 小猫捉蝙蝠

将“蝙蝠生命值”变量的初始值设为 100。小猫随鼠标移动，当小猫接触到蝙蝠时，“蝙蝠生命值”数值减 10，同时播放声音“meow”，如图 15.6。

5. 结束脚本

在蝙蝠角色的脚本区添加如果那么模块，当“蝙蝠生命值”为 0 时，将蝙蝠角色隐藏，同时将背景切换为 woods2，隐藏变量“蝙蝠生命值”，再播放 jungle 音乐，最后停止程序运行，脚本如图 15.7。

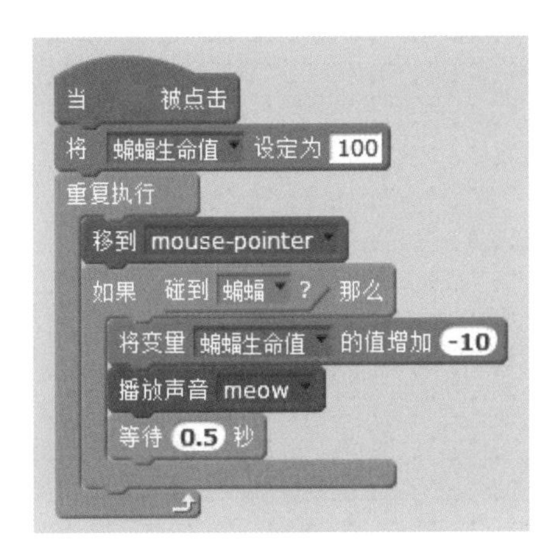

图15.6　小猫捉蝙蝠的脚本

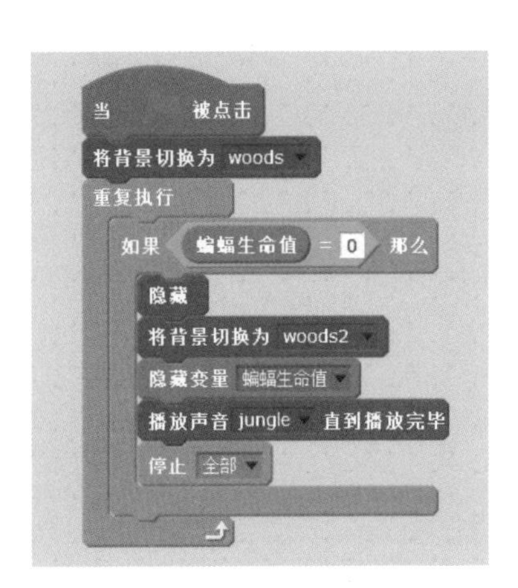

图15.7　当蝙蝠生命值为0时的脚本

6. 保存文件

保存文件，并将其命名为“蝙蝠哪里跑 .sb2”。

任务小结

角色跟随鼠标运动是游戏常见的玩法。变量的使用可使游戏的过程可视可控。

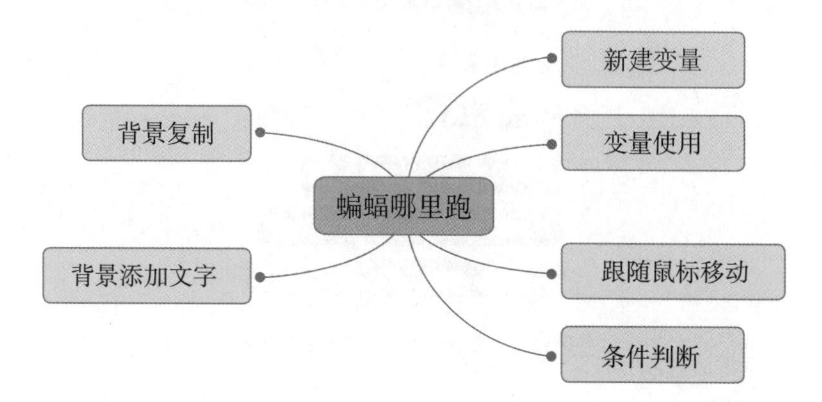

任务拓展

1. 你能根据这个项目学到的新技能去设计一个射击游戏吗？

项目16 精灵游神州

项目演示

精灵游神州.sb2

项目情境

国庆长假，我们常常会饱览祖国的大好河山。不管是繁华热闹的城市，香气四溢的坊间小吃，还是山清水秀的风景，精妙绝伦的博物馆，都让我们在大开眼界的同时，更加深爱着自己的祖国。国庆节你会去哪儿？又有什么在你的脑海里留下深刻印象？来吧，让小精灵帮你说一说。

任务描述

用 Scratch 软件制作小精灵游神州的翻页动画。背景图片有四张，“箭头”角色承担着翻页功能。在每一画面里，小精灵一边走一边介绍画面，同时配上好听的背景音乐。

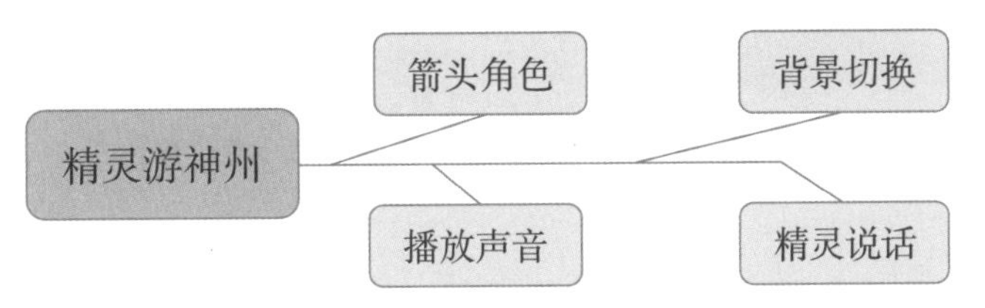

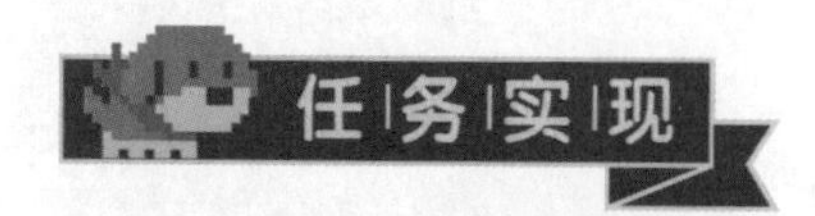

一、设置背景和角色

1. 打开软件

打开 Scratch 软件并切换语言为“简体中文”。

2. 选择背景

在背景库中选择图片，在背景图片列表中，分别将它们修改为“上海”“香港”“厦门”“合肥”，如图 16.1。

3. 添加角色

添加小精灵和箭头两个角色，如图 16.2。

图16.1　背景设置

图16.2　游戏角色

二、编写脚本

1. 箭头脚本

箭头角色的功能是显示下一张背景图片，脚本如图 16.3。

图16.3 箭头角色的脚本

2. 小精灵脚本

当背景切换到相应城市时，让小精灵说出与该城市有关的话，并播放一段音乐，脚本如图 16.4。

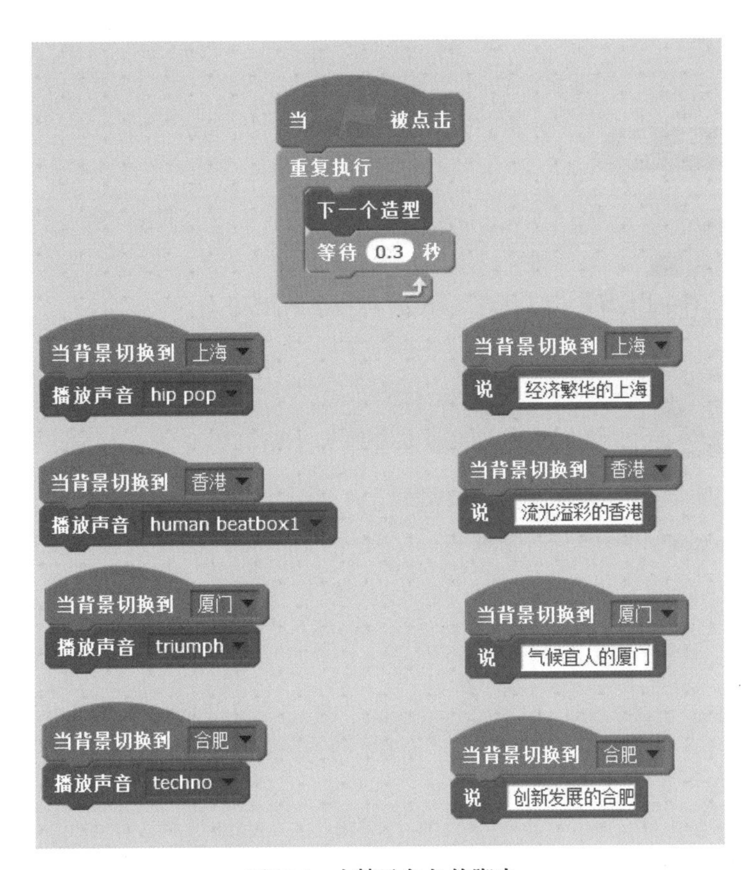

图16.4 小精灵角色的脚本

3. 保存文件

保存文件，并将其命名为“精灵游神州 .sb2”。

图片的切换动画适用于电子相册，不同的是加入了小精灵角色，让它开口介绍每个图片的内容。

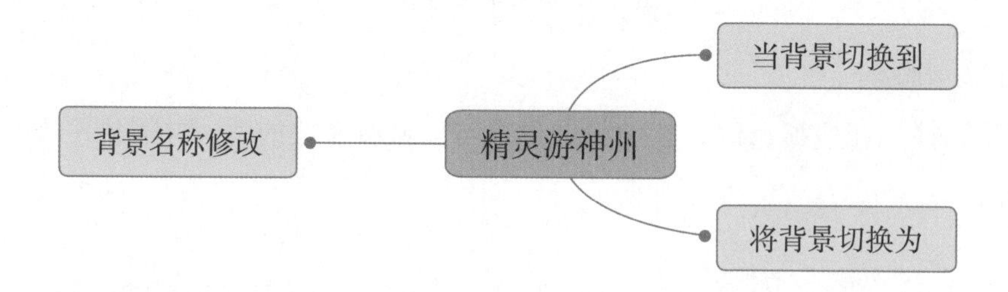

1. 用 

的方式，新建 4 个背景图片。

2. 用 

的方式，录入四段声音作为小精灵的介绍。

3. 让精灵以不同颜色的着装出现在舞台上（提示：颜色特效）。

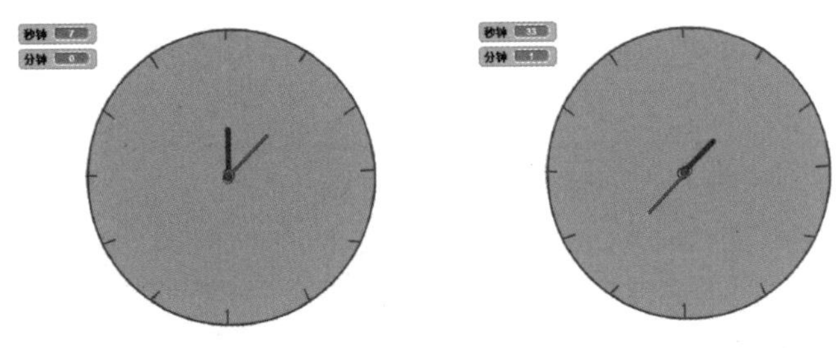

分秒我必争.sb2

孔子云：“逝者如斯夫，不舍昼夜。”毛泽东说：“一万年太久，只争朝夕。”物理学家培根说：“合理安排时间，就等于节约时间。”古今中外关于时间的名言警句比比皆是。为了争分夺秒，让我们一起用 Scratch 软件来制作一只表盘吧！

任务描述

用 Scratch 软件制作一只表盘，盘面上有分针和秒针，分针和秒针绕着表盘的中心旋转。从表盘的 12 点位置开始，秒针 1 秒转 360/60=6 度。每满 60 秒，分针转 1 分钟，也就是分针 1 分转 360/ 60=6 度。在左上角显示出当前已经运行的分秒数。

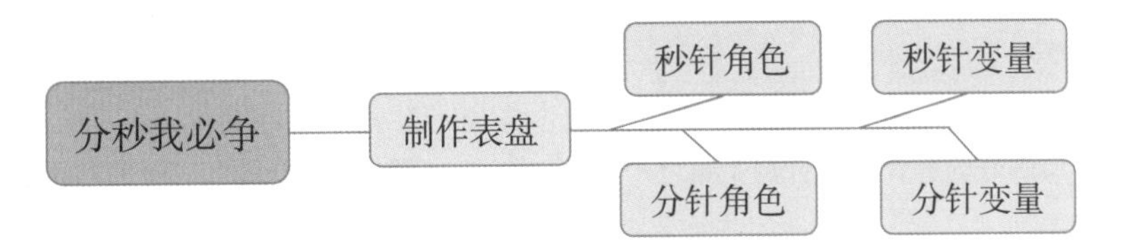

一、设置背景和角色

1. 打开软件

打开 Scratch 软件并切换语言为“简体中文”。

2. 绘制表盘

用新建背景绘制新背景方式绘制表盘背景图，用工具画表盘轮廓和中心点，用画刻度，用填色，用设置造型中心在表盘的中心点处，如图 17.1。

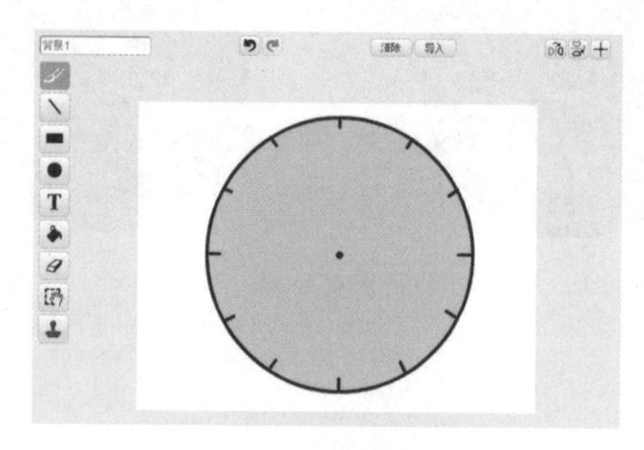

图17.1　表盘背景图

3. 绘制角色

用绘制分针和秒针两个角色，将这两个角色的造型中心位于下端圆圈中心，并将它们分别重命名为“分针”和“秒针”，如图 17.2。

4. 设置中心点重合

将分针和秒针这两个角色的下端圆圈处与背景表盘的中心点重合，如图 17.3。

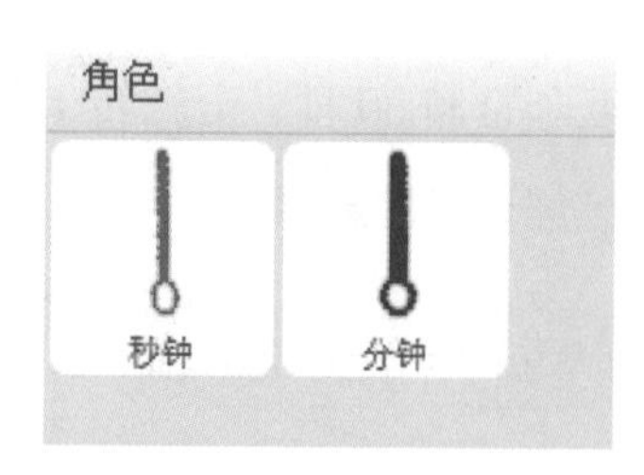

图17.2　绘制好的分针和秒针两个角色

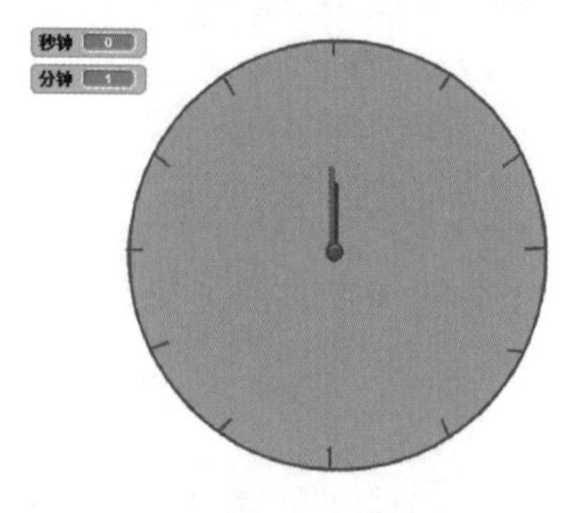

图17.3　分针和秒针的初始位置

二、编写脚本

1. 新建变量

新建两个变量“分针”和“秒针”，如图 17.4。

2. 秒针的脚本

先将变量秒针的数据设定为 0，再将秒针角色面向 90 度方向，变量秒针每增加 1 秒，让秒针向右旋转 360/60 度，脚本如图 17.5。

3. 分针的脚本

当变量秒针的数据为 60 时，变量分针的数据增加 1，同时分针向右旋转 360/60 度，再把变量秒针的数据设为 0，脚本如图 17.6。

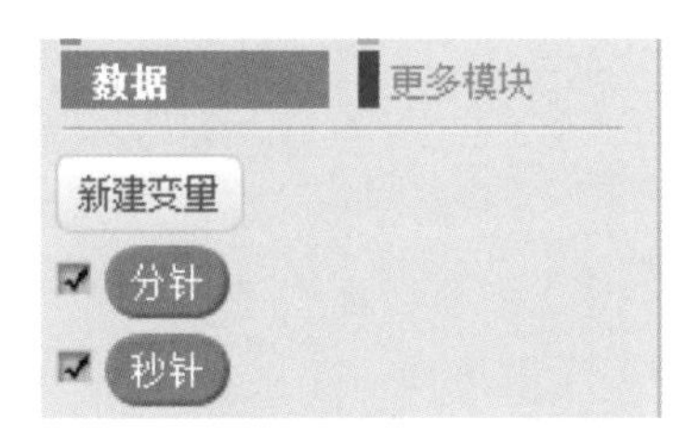

图17.4　新建分针和秒针变量

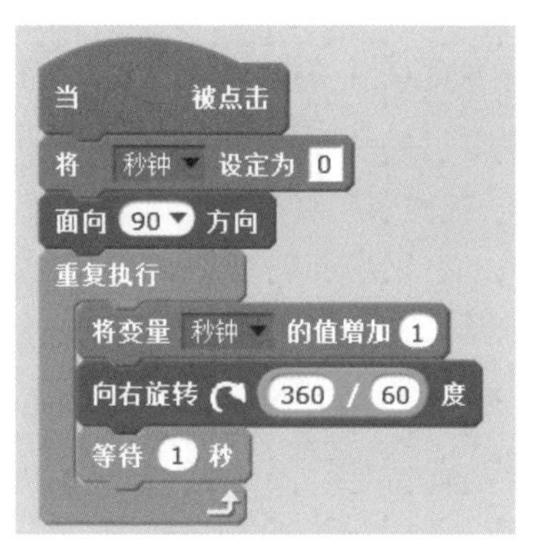

图17.5　秒针的脚本

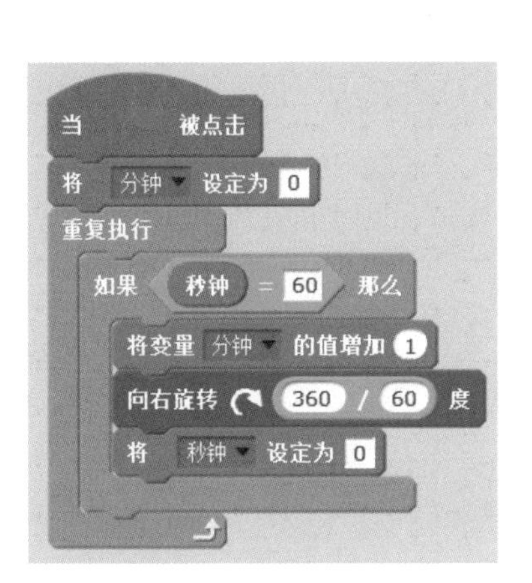

图17.6　分针的脚本

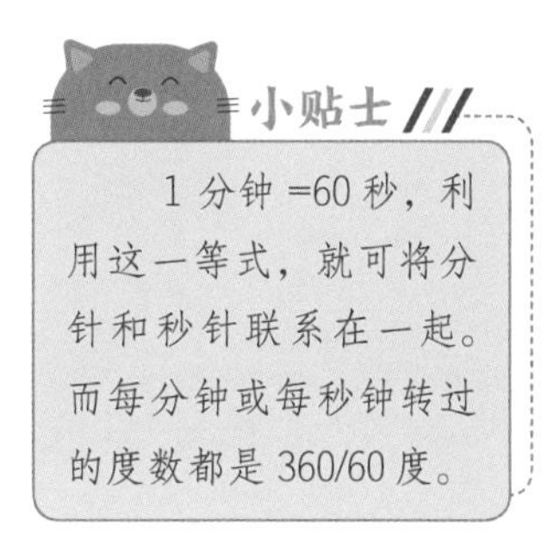

小贴士
1 分钟 =60 秒，利用这一等式，就可将分针和秒针联系在一起。而每分钟或每秒钟转过的度数都是 360/60 度。

4. 保存文件

保存文件，并将其命名为“分秒我必争 .sb2”。

分秒的增加与旋转度数之间的换算关系是此项目编程的关键。

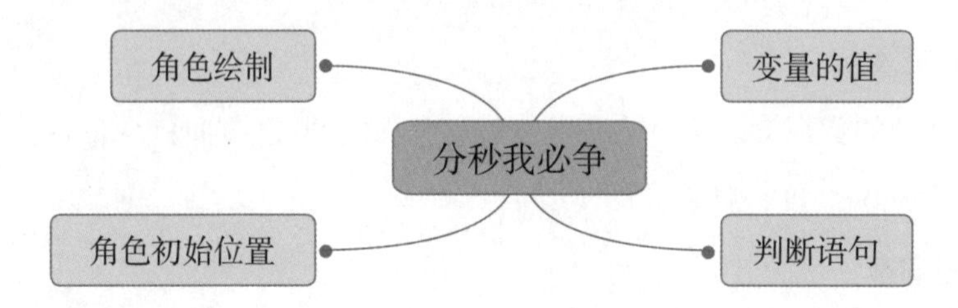

任务拓展

1．增加第三个角色——时针，为它编写程序，与分针和秒针联动。

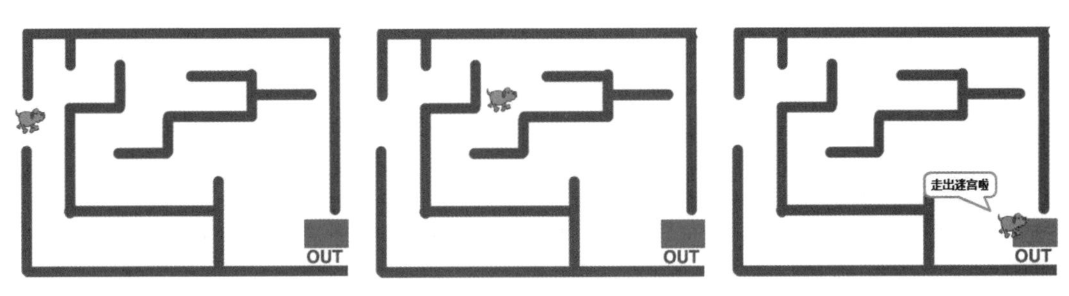

勇敢走迷宫.sb2

在书店里，我们常常能看到大迷宫的智力游戏书。从错综复杂的迷宫中走出来，这不仅训练我们的眼力，更锻炼了我们的空间能力，提高了专注力，磨炼了意志力。书本中是静态的走迷宫，现在就用 Scratch 软件来制作一个动态的走迷宫游戏吧！

任务描述

用 Scratch 软件制作一个勇敢走迷宫的游戏，以一条狗为角色，背景是绘制的一幅迷宫图。在迷宫图中，白色代表道路，绿色代表不可通过的篱笆，红色旗帜代表出口。玩家用鼠标操作，狗一直面向鼠标前进。狗在鼠标的引领下，沿白色道路行走。路途中，狗若碰到绿色篱笆就算失败，要回到起点，重新走迷宫。直到狗碰到红色旗帜，就表示成功走出迷宫，游戏结束。

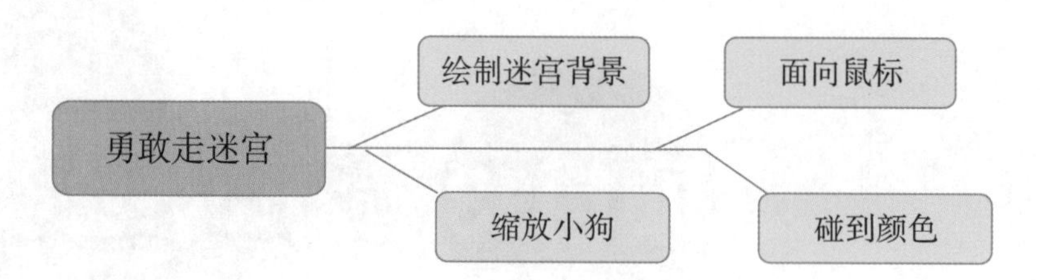

一、设置背景和角色

1. 打开软件

打开 Scratch 软件并切换语言为“简体中文”。

2. 绘制迷宫

用 

方式绘制迷宫背景图，默认道路为白色，用除白色以外的颜色绘制不可通过的部分和出口，如图 18.1。

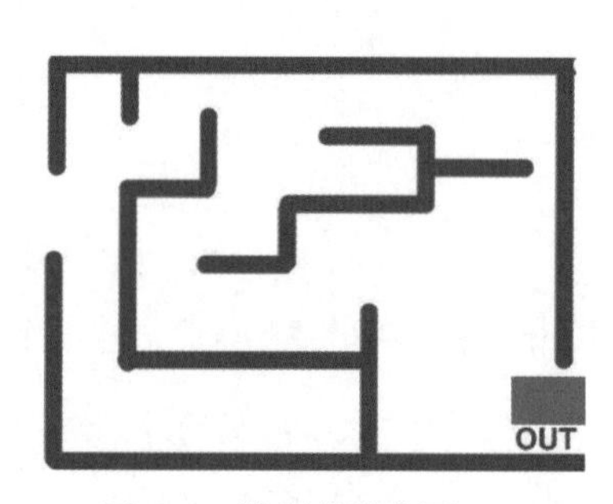

图18.1　绘制的迷宫图

> **小贴士**
>
> 绘制迷宫时，不可通过的部分和出口颜色必须有别于地面颜色，而且两者本身也是不同的，便于形成完整通路。

3. 选择角色

从角色库中选择角色 dog2，删除 dog2 的 dog2-c 造型，只保留前两种造型，如图 18.2。

4. 缩放小狗

用 缩小 工具，将舞台中的狗缩小到能通过所有白色道路的大小，同时将狗拖放到迷宫的起点位置，如图 18.3。

图18.2 保留dog2的两个造型

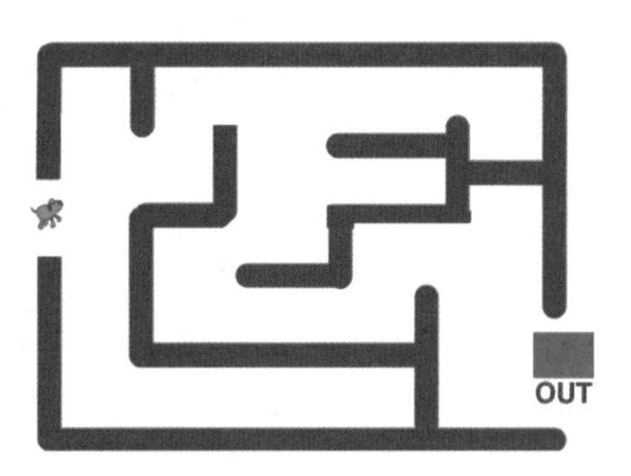

图18.3 小狗的初始位置

5. 确定起始坐标

观察脚本区右上角的角色坐标为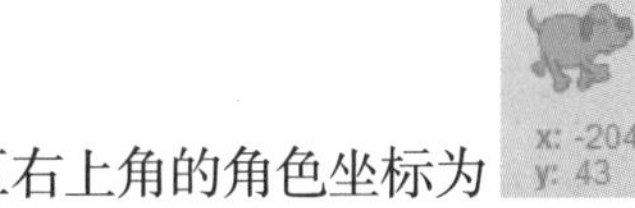，记录下该数据，作为狗每次出发的起始地点。

二、编写脚本

1. 面向鼠标移动

角色 dog2 移动到起始地点，面向鼠标 2 步 2 步地移动，就完成了狗走动起来，脚本如图 18.4。

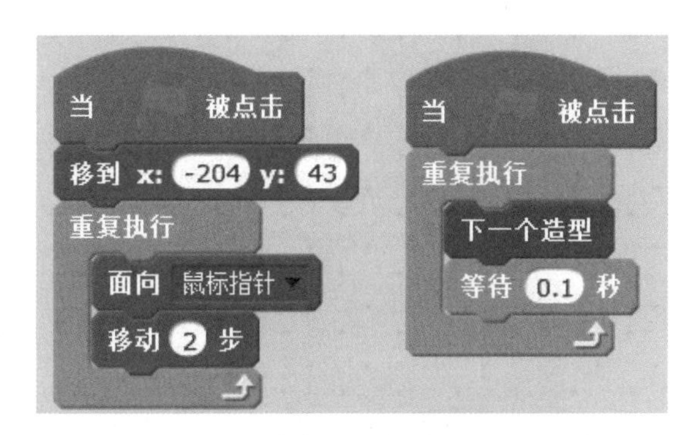

图18.4 狗在迷宫中面向鼠标走动的脚本

2. 碰到绿色的脚本

当遇到绿色篱笆时，狗不能通过，只能返回到起始位置，修改上述脚本如图 18.5。

注意绿色的选择是点击“碰到颜色”指令模块里的框，再到迷宫的绿色篱笆处点击一下，即可取到相应的绿色。

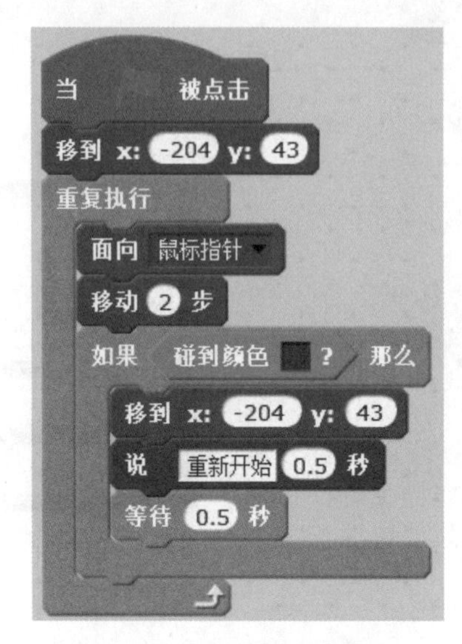

图18.5　遇到绿色时的脚本

3. 到达出口的脚本

当狗到达出口红色旗帜处时，修改上述脚本如图 18.6。

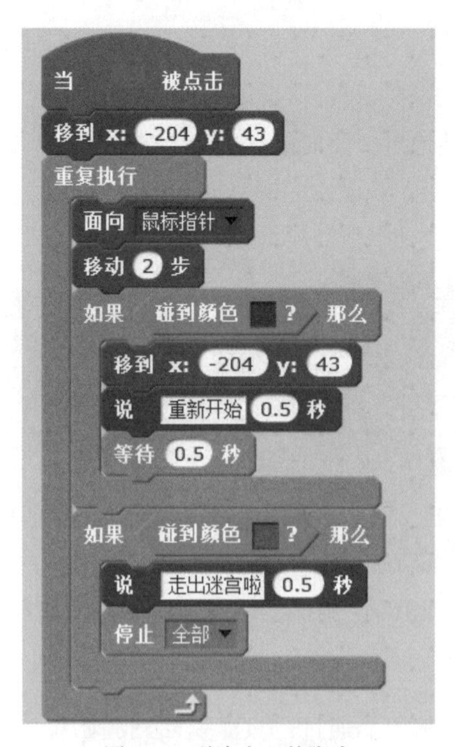

图18.6　到达出口的脚本

4. 保存文件

保存文件，并将其命名为“勇敢走迷宫 .sb2”。

碰到颜色指令模块解决了编程中的颜色问题。

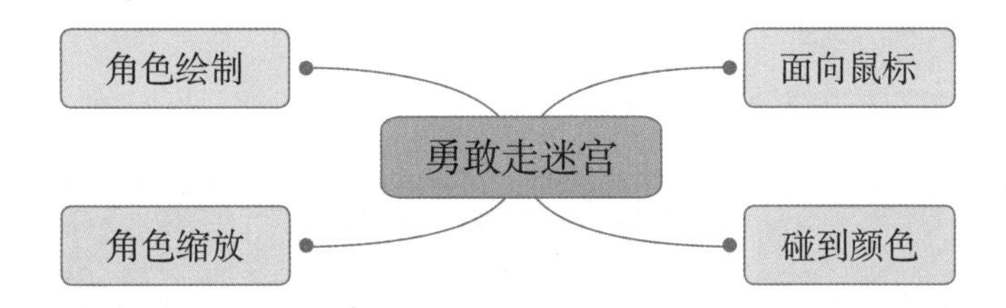

任务拓展

1. 给迷宫图增加一些石块等障碍物，增加通过迷宫的难度。

元旦联欢会.sb2

元旦是每年的第一天，人们辞旧迎新，举行各种庆祝活动。诗歌朗诵、杂技、相声、小品等节目，都在元旦联欢会上闪亮登场！你现在就是元旦联欢会的总导演，由你来协调各节目的出场顺序和表演，用 Scratch 软件来为我们提供一场视听盛宴吧！

任务描述

用 Scratch 软件制作一场元旦联欢会。首先，由企鹅报幕，报完幕后，企鹅向左侧移动，并淡出屏幕。然后，按空格键后，第一个节目是诗朗诵，在朗诵到最后一句时，青蛙出场从舞台上跳过。接着，企鹅继续进行第二个节目的报幕。报完幕后，瓢虫要起了杂技。

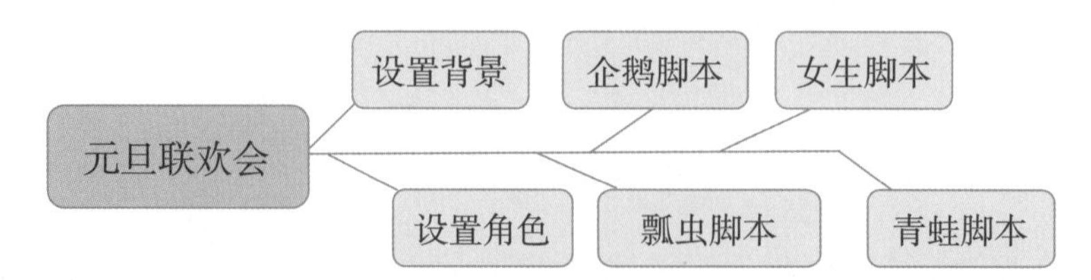

一、设置背景和角色

1. 打开软件

打开 Scratch 软件并切换语言为“简体中文”。

2. 设置背景和角色

设置舞台背景和导入四个角色，如图 19.1。

图19.1　背景和角色

3. 设置角色 frog 的两个造型

从角色库中选择角色 frog，在造型列表中，将 frog 复制为 frog2。选中 frog2 造型，在绘图区，将青蛙图像的位置垂直向上移动少许，使造型在切换时有上下跳动的感觉，如图 19.2。

图19.2　frog的两个造型

二、编写脚本

1. 企鹅报幕和退场的脚本

角色企鹅移动到舞台起始地点，报幕后，向左侧退场并逐渐淡出屏幕，脚本如图 19.3。

```
当 [绿旗] 被点击
隐藏
移到 x: -140 y: -60
显示
说 元旦联欢会现在开始啦！ 2 秒
说 第一个节目：古诗词朗诵《夜行黄沙道中》 2 秒
重复执行 10 次
    移动 20 步
    将 虚像 特效增加 10
    等待 0.1 秒
```

图19.3　企鹅报幕和退场的脚本

2. 女生诗朗诵节目的脚本

按空格键后，第一个节目女生诗朗诵开始。每一句诗配上女生的一种造型，第四句诗广播配角青蛙出场，最后广播提醒报幕员继续报第 2 个节目，脚本如图 19.4。

```
当 [绿旗] 被点击
隐藏

当按下 空格键
显示
说 明月别枝惊鹊 1 秒
下一个造型
说 清风半夜鸣蝉 1 秒
下一个造型
说 稻花香里说丰年 1 秒
下一个造型
广播 青蛙出场
说 听取蛙声一片 3 秒
重复执行 10 次
    将 虚像 特效增加 10
    等待 0.1 秒
隐藏
广播 小鹅报第2个节目
```

图19.4　女生诗朗诵节目的脚本

3. 青蛙出场的脚本

青蛙先隐藏，等接收到上场信息，再登上舞台助兴，脚本如图 19.5。

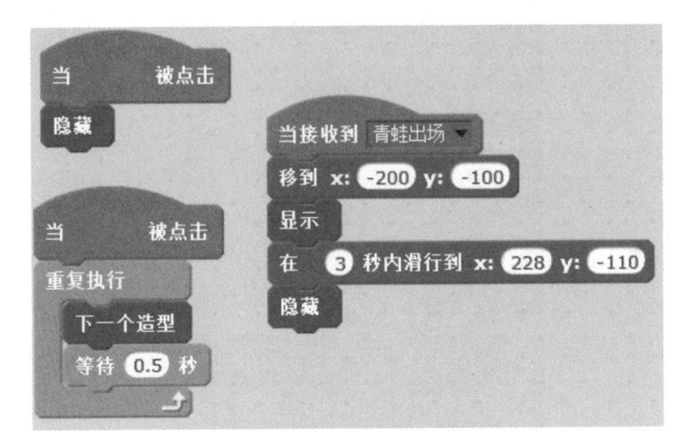

图19.5 角色青蛙的脚本

4. 企鹅报第二个节目的脚本

企鹅接收到女孩广播的可以报第 2 个节目的信息后，就上台进行第二次报幕，脚本如图 19.6。

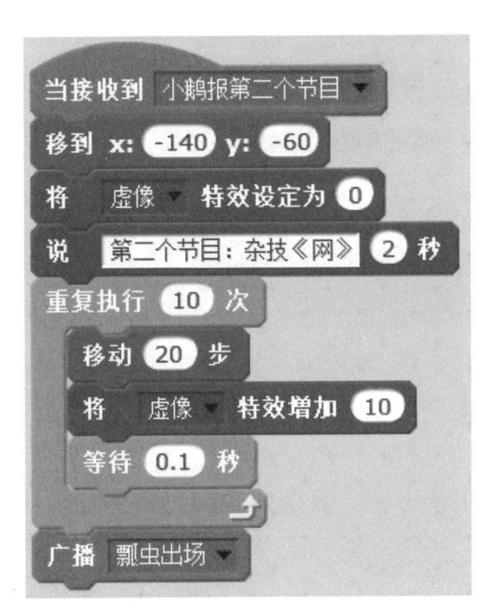

图19.6 企鹅报第二个节目的脚本

5. 瓢虫表演杂技的脚本

瓢虫接收到出场信息后，利用画笔指令模块，在舞台上表演杂技，脚本如图 19.7。

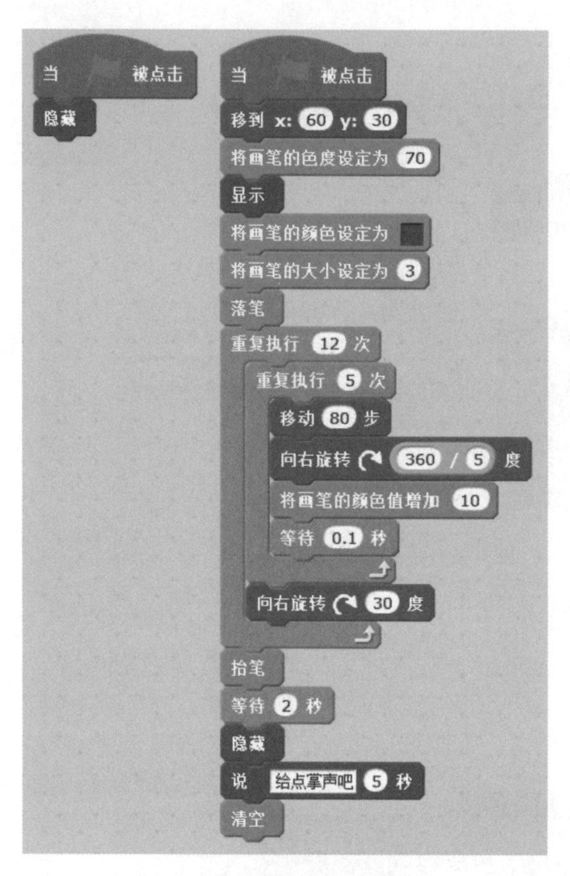

图19.7 瓢虫表演杂技的脚本

小贴士

Scratch 画笔的颜色设定有两种方式：一种是点选当前屏幕上的色彩进行设定；另一种是设置相应颜色的数值。

6. 保存文件

保存文件，并将其命名为“元旦联欢会 .sb2”。

各角色的出场顺序、出场方式、表演内容都是需要总导演详细策划的。本项目综合了前几节课的内容。

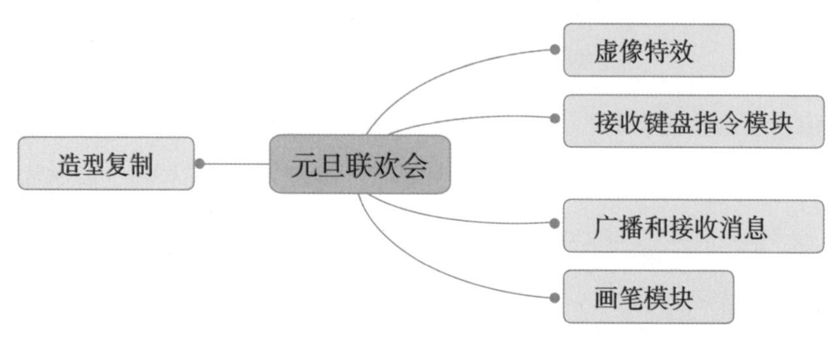

任务拓展

1. 给元旦联欢会增加几个新节目。
2. 为联欢会的每个节目配上背景音乐。

项目20 石头剪刀布

项目演示

石头剪刀布.sb2

项目情境

石头剪刀布游戏是古老的猜拳游戏，起源于中国，因规则简单明了而风靡世界。石头打剪刀，布包石头，剪刀剪布。该游戏不仅可以锻炼人们的反应速度，还能看出人们的灵活性。单轮玩法拼运气，多回合玩法拼心理博弈。让 Scratch 软件中的小猫和我们一起玩玩这个游戏吧！

任务描述

用 Scratch 软件制作石头剪刀布游戏。约定 1 代表剪刀，2 代表石头，3 代表布。胜一场得 2 分，平一场得 1 分，负一场得 0 分。一共玩十局。小猫先出，但隐藏不可见。玩家通过键盘输入 1 或 2 或 3，由软件程序判断双方的胜负情况，并计分。

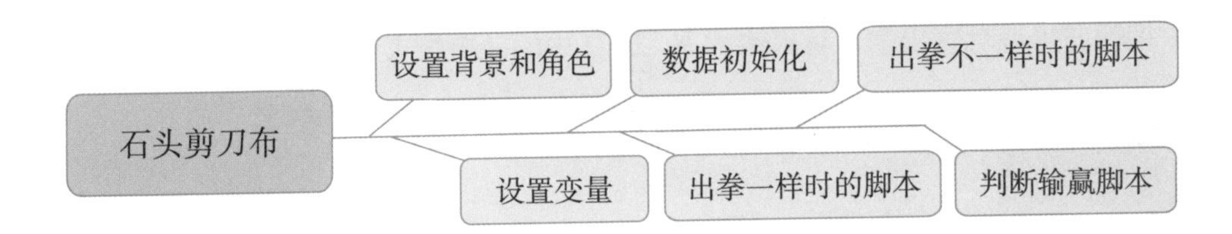

一、设置背景和角色

1. 打开软件

打开 Scratch 软件并切换语言为“简体中文”。

2. 设置背景和角色

设置舞台背景和导入小猫角色，如图 20.1。

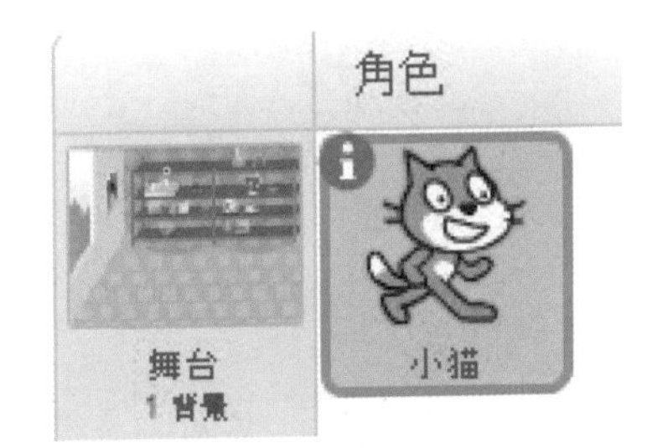

图20.1 背景和角色

二、编写脚本

1. 增加五个变量

添加五个数据变量：局数、小猫出的、小猫得分、玩家出的、玩家得分。各变量的名称、显示与否、在舞台上的位置，如图 20.2。

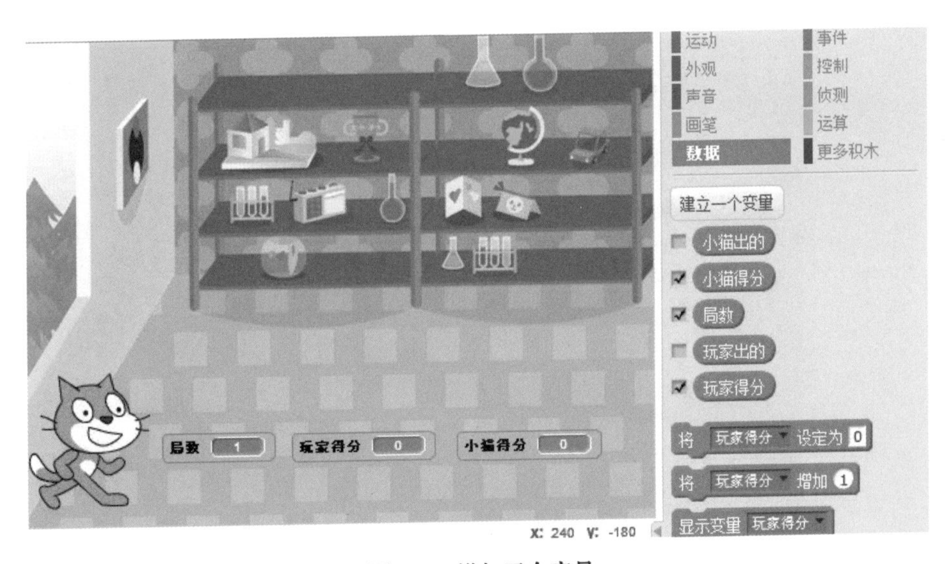

图20.2 增加五个变量

2. 数据初始化及玩家出拳的脚本

首先，小猫把规则说一说，各变量的值初始化。接着，小猫从 1、2、3 中随机选一个数，询问并等待玩家出拳（玩家输入 1、2、3 中的一个数），脚本如图 20.3。

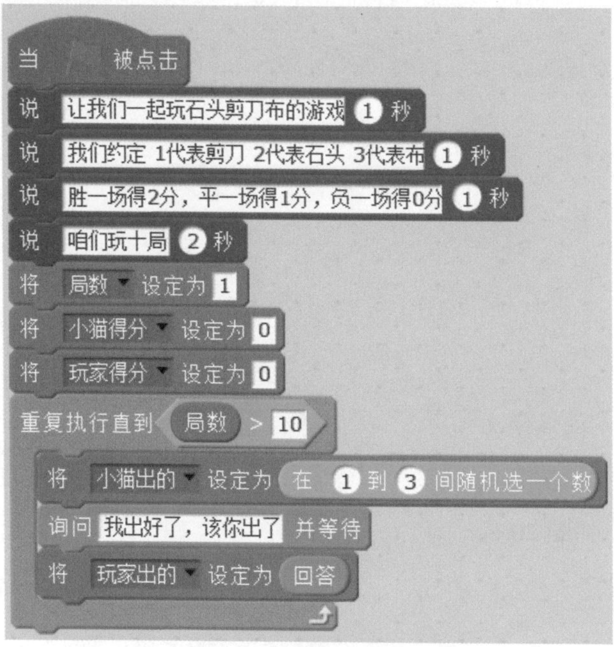

```
当 被点击
说 让我们一起玩石头剪刀布的游戏 1 秒
说 我们约定 1代表剪刀 2代表石头 3代表布 1 秒
说 胜一场得2分，平一场得1分，负一场得0分 1 秒
说 咱们玩十局 2 秒
将 局数 设定为 1
将 小猫得分 设定为 0
将 玩家得分 设定为 0
重复执行直到 局数 > 10
    将 小猫出的 设定为 在 1 到 3 间随机选一个数
    询问 我出好了，该你出了 并等待
    将 玩家出的 设定为 回答
```

图20.3　数据初始化及玩家出拳的脚本

小贴士

为了便于逻辑运算，通常把抽象的动作行为用简单的数字代替，有利于数据处理和程序编写。

3. 处理出拳一样时的脚本

当小猫和玩家出拳一样时，在循环语句里添加如图 20.4 所示的脚本。

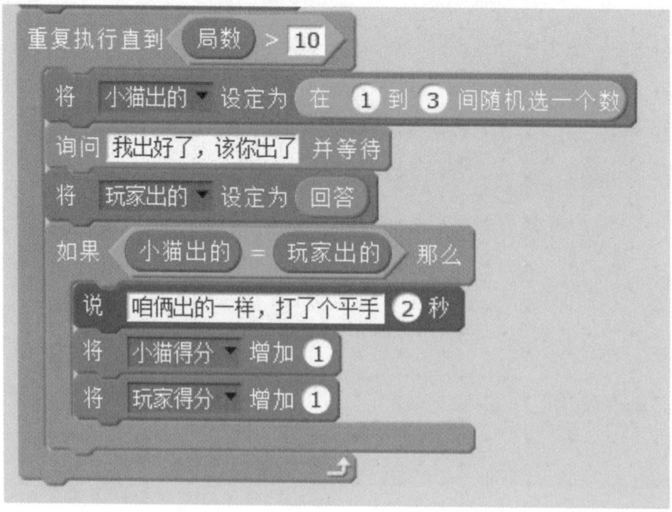

```
重复执行直到 局数 > 10
    将 小猫出的 设定为 在 1 到 3 间随机选一个数
    询问 我出好了，该你出了 并等待
    将 玩家出的 设定为 回答
    如果 小猫出的 = 玩家出的 那么
        说 咱俩出的一样，打了个平手 2 秒
        将 小猫得分 增加 1
        将 玩家得分 增加 1
```

图20.4　处理出拳一样时的脚本

4. 处理出拳不一样时的脚本

当小猫和玩家出拳不一样时，继续在循环结构里添加如图 20.5 所示的脚本。因篇幅

有限，不一样的情况有六种，这里只添加其中一种。

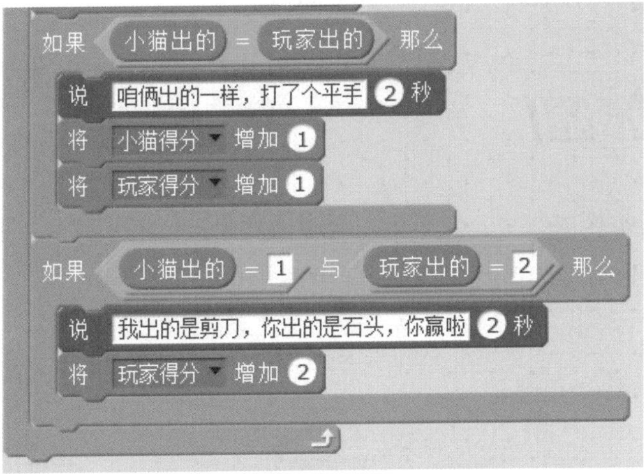

如果 小猫出的 = 玩家出的 那么
说 咱俩出的一样，打了个平手 2 秒
将 小猫得分 增加 1
将 玩家得分 增加 1
如果 小猫出的 = 1 与 玩家出的 = 2 那么
说 我出的是剪刀，你出的是石头，你赢啦 2 秒
将 玩家得分 增加 2

图20.5　处理出拳不一样时的脚本

5. 实现局数增加

将 将变量 局数 的值增加 1 语句添加到循环结构的最后，以实现局数的增加。

6. 判断最后输赢的脚本

十局结束后，对小猫和玩家的总得分进行判断，得出最后的输赢，脚本如图 20.6，且放在循环结构的下方。

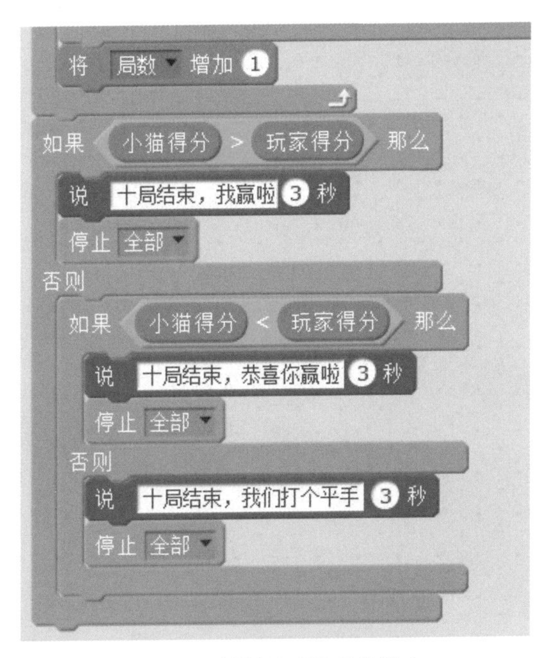

图20.6　判断最后输赢的脚本

7. 保存文件

保存文件，并将其命名为“石头剪刀布 .sb2”。

将石头剪刀布替换成数字，便于玩家与小猫之间进行猜拳游戏。逻辑运算的引入使判断语句一次性处理更多信息。

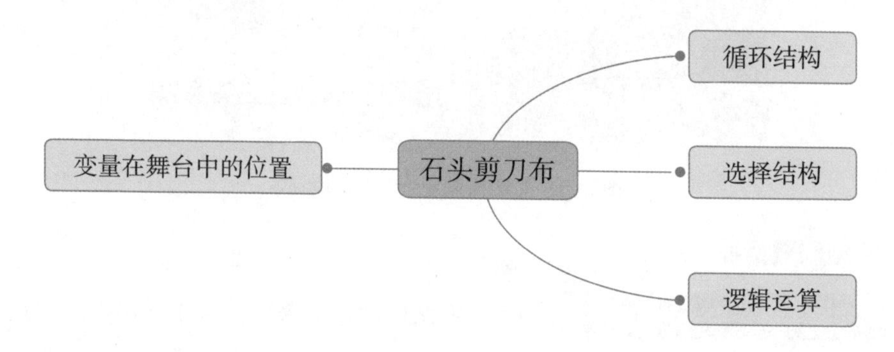

任务拓展

1. 将处理小猫和玩家出拳不一样时的另五种情况的脚本补充完整。
2. 为每轮的输赢配上背景音乐。

项目21 电子点单器

项目演示

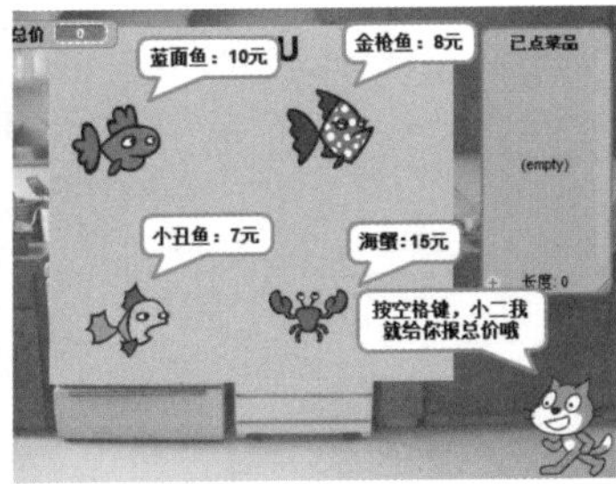

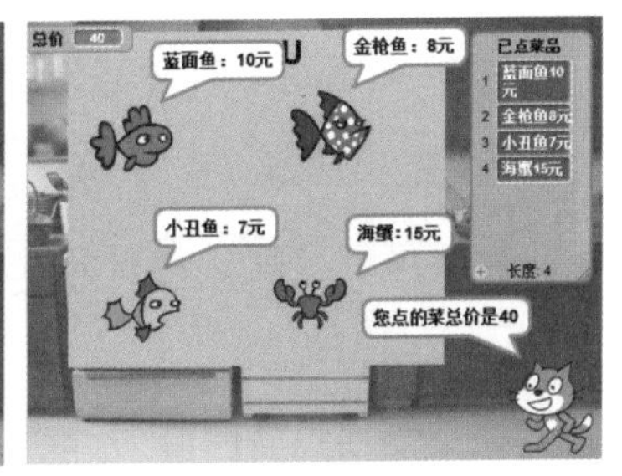

电子点单器.sb2

项目情境

在餐厅、书店、超市等地都有电子点单器的身影。动态地输入、存储数据并进行汇总是电子点单器的基本操作。Scratch 软件中的小猫要做店小二啦，让我们给它制作一个电子点单器吧！

任务描述

用 Scratch 软件制作电子点单器。菜单上显示四种海鲜图片。采用链表保存顾客点的菜品。顾客点击相应海鲜图片，在“已点菜品”链表中就会显示相应的菜品。随着顾客点菜增多，“已点菜品”链表会动态增加。小猫提示按“空格”键，就会报出菜品总价。

电子点单器
- 设置背景和角色
- 小猫角色的脚本
- 其他海鲜脚本
- 设置变量和链表的显示及布局
- Fish 蓝面鱼脚本

任务实现

一、设置背景和角色

1. 打开软件

打开 Scratch 软件并切换语言为“简体中文”。

2. 设置背景

设置舞台背景，添加菜谱页面，如图 21.1。

3. 设置角色

将小猫角色朝向改为 方向: -90° ，导入五个鱼蟹角色，布局如图 21.2。

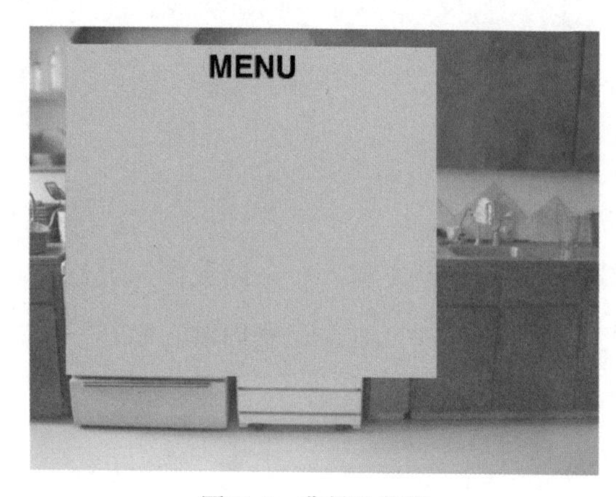

图21.1　背景及菜谱

图21.2　五个角色的布局

二、编写脚本

1. 变量和链表的显示及布局

添加一个变量“总价”，一个链表“已点菜品”，其显示及在舞台中的布局如图 21.3。

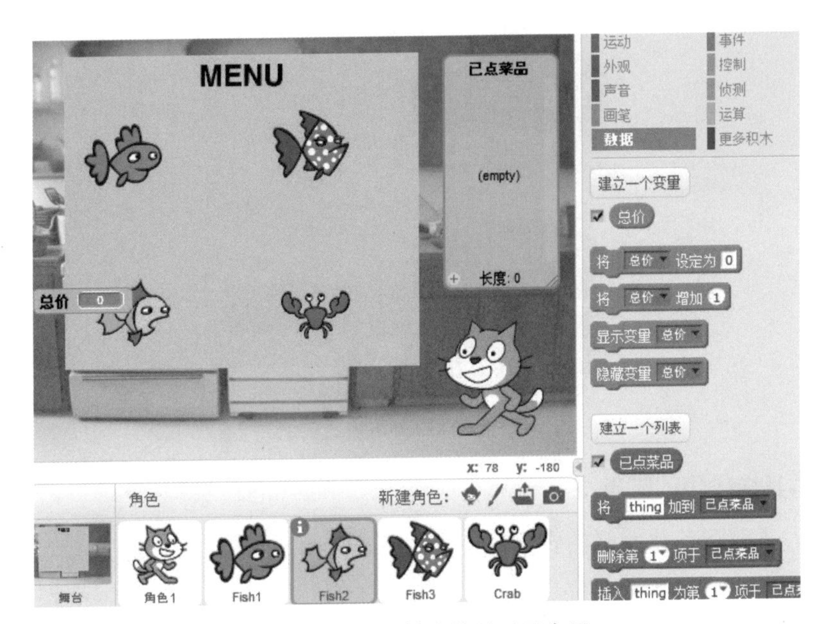

图21.3 变量和链表的显示及布局

2. 小猫角色的脚本

店小二小猫需要做好变量和链表的初始化，侦测空格键是否按下，如按下，则说出已点菜品的总价，脚本如图 21.4。

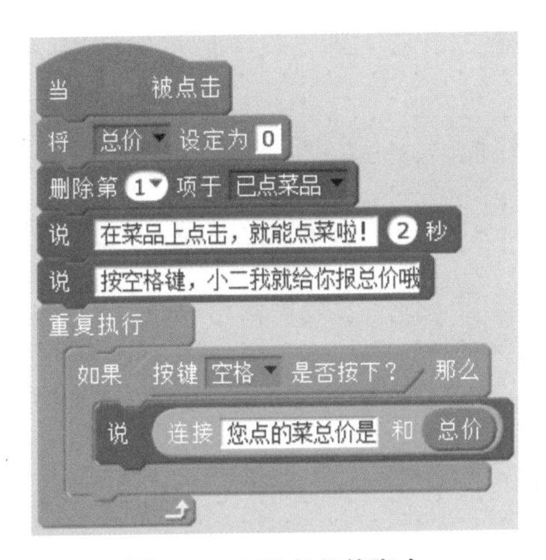

图21.4 小猫角色的脚本

3. Fish1 蓝面鱼角色的脚本

Fish1 蓝面鱼说出自己的价格，如遇点击则将相应的名称及价格添加到“已点菜品”链表末尾，“总价”变量增加相应的价格，脚本如图 21.5。

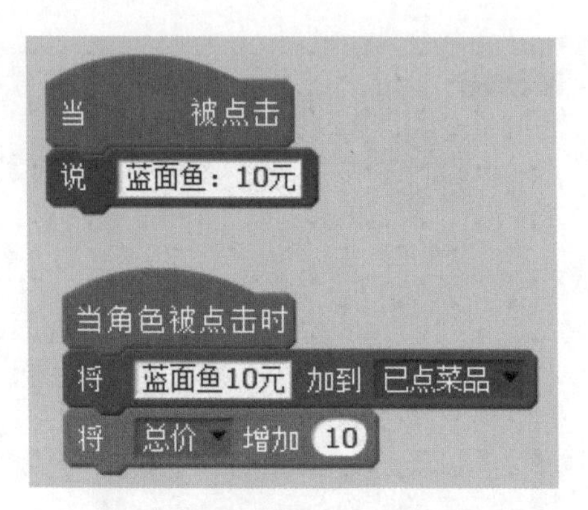

图21.5 Fish1蓝面鱼角色的脚本

4. 编写其他角色的脚本

用上述方式编写其他海鲜的脚本。

5. 保存文件

保存文件，并将其命名为“电子点单器 .sb2”。

链表可动态地存储一组数据，极大地方便了数据的使用。

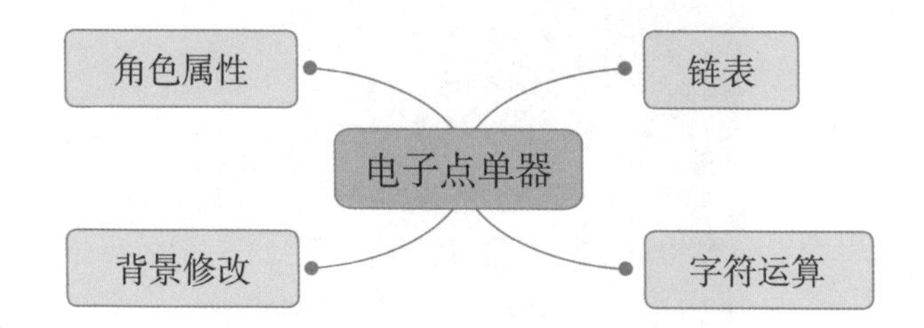

1. 发挥你的想象力，更换电子点单器应用场景，比如书店、快餐店等。

地鼠躲不了.sb2

沙漠中，地鼠神出鬼没，在每个幽深的洞里，都可能有地鼠。见到地鼠，玩家抄起锤子，向地鼠抡去。好玩的打地鼠游戏可是儿童游乐园中最经典的游戏之一了。用 Scratch 软件也能制作出这种游戏效果，不同的是抄起的锤子换成了我们手中的鼠标。

用 Scratch 软件制作打地鼠游戏。背景在原沙漠图的基础上，增加四个洞穴。四只一模一样的地鼠在这四个洞穴中不断显隐。绘制出的锤子，只要打到地鼠，得分就能增加。

- 地鼠躲不了
  - 设置背景和角色
  - 设置变量“分数”和“倒计时”
  - 地鼠角色的脚本
  - 锤子角色的脚本
  - “倒计时”脚本

一、设置背景和角色

1. 打开软件

打开 Scratch 软件并切换语言为“简体中文”。

2. 设置背景

设置舞台背景，用椭圆工具添加四个洞穴，如图 22.1。

图22.1　带洞穴的背景

3. 设置锤子角色

绘制打地鼠的锤子角色：利用椭圆和矩形工具画出直立的锤子，形成锤子角色的造型 1；复制造型 1，形成造型 2；再选择造型 2，将其向左旋转一定角度，形成落下的锤子的造型，如图 22.2。

图22.2　新建锤子角色（含两个造型）

4. 设置Mouse角色

添加 Mouse 角色，复制三次，形成四个地鼠角色，如图 22.3。

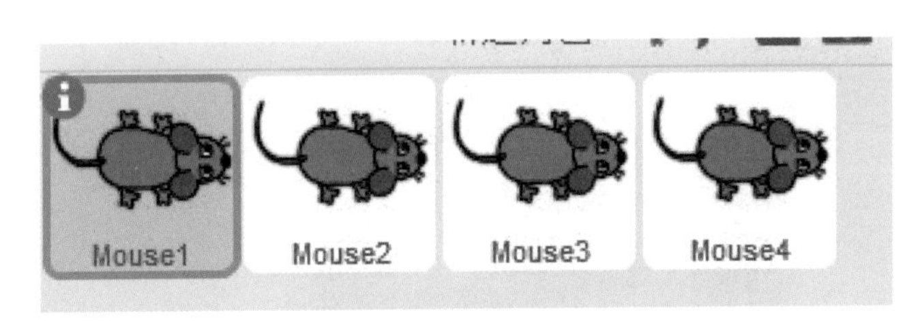

图22.3　四个地鼠角色

二、编写脚本

1. 增加“分数”和“计时器”变量

添加变量“分数”和“计时器”，显示在舞台的左上角，如图 22.4。

图22.4　“分数”和“倒计时”变量

2. 地鼠随机显示隐藏的脚本

地鼠角色随机显示和隐藏，同时每次显示的角度随机变化，增加游戏趣味性，脚本如图 22.5。

```
当 被点击
重复执行
    隐藏
    等待 在 1 到 4 间随机选一个数 秒
    右转 在 -60 到 60 间随机选一个数 度
    显示
    等待 在 1 到 3 间随机选一个数 秒
```

图22.5　地鼠随机显示隐藏的脚本

3. 地鼠被锤子打到后的脚本

在地鼠角色的脚本中，侦测是否被落下的锤子碰到，如碰到则将变量“分数”增加 1，同时让地鼠角色隐藏，脚本如图 22.6。

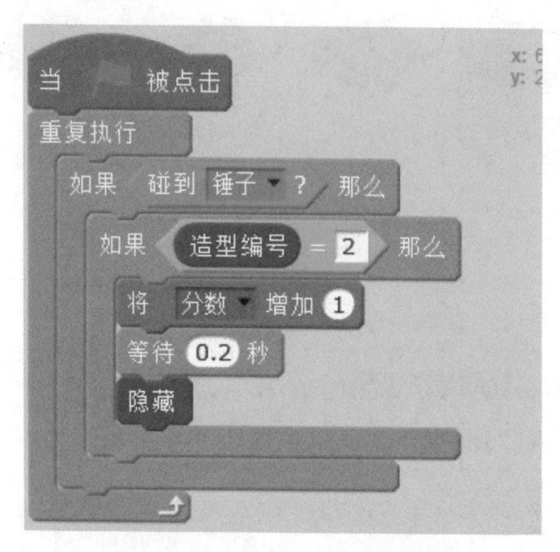

图22.6　地鼠被锤子打到后的脚本

4. 复制脚本到其他角色

将步骤 2 和步骤 3 的脚本，复制到其他三个地鼠角色中。

5. 锤子角色的脚本

在锤子角色的脚本中，先将变量“分数”初始化，角色锤子移到最上层，锤子跟随鼠标指针移动，当点击鼠标左键时，锤子的造型切换为落下的状态，脚本如图 22.7。

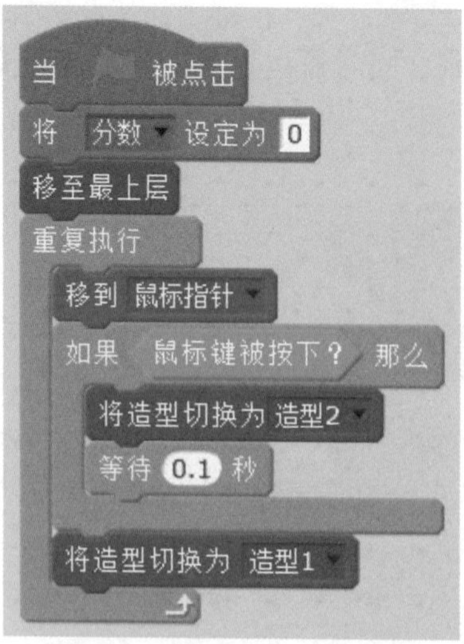

图22.7　锤子角色的脚本

6. “倒计时”的脚本

给玩家倒计时 1 分钟时间进行打地鼠游戏，时间一到，游戏就停止。“倒计时”的脚本如图 22.8，放到“锤子”角色中。

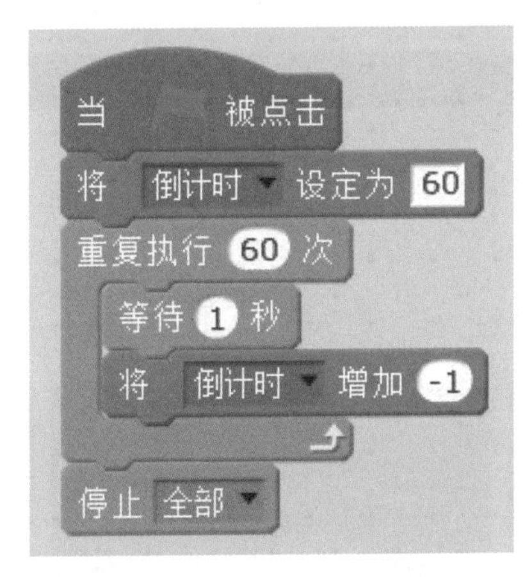

图22.8 “倒计时”的脚本

7. 保存文件

保存文件，并将其命名为“地鼠躲不了 .sb2”。

鼠标状态的侦测是制作打地鼠游戏的重要步骤。

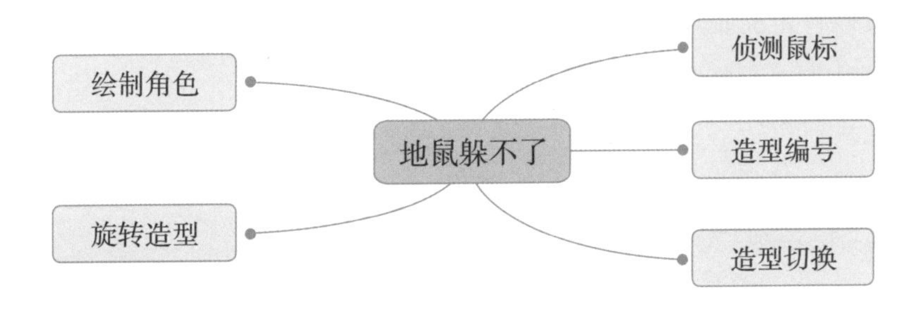

任务拓展

1. 制作有更多洞穴的打地鼠游戏。
2. 为游戏配上声音。

项目23 射击训练营

项目演示

射击训练营.sb2

项目情境

《游击队之歌》唱道：我们都是神枪手，每一颗子弹消灭一个敌人。射击需要手眼的配合。Scratch 软件也能制作这种射击游戏，它不仅可以锻炼人们的反应速度，还训练人们手眼的默契程度。

任务描述

用 Scratch 软件制作射击游戏。蝙蝠的生命初始值为 100。螃蟹在舞台下部横向移动，当按键盘上的空格键时，它携带的子弹就以克隆自己的方式飞出。蝙蝠在舞台上部，随机飞翔。当蝙蝠遇到子弹时，会消失 1 秒，再出现时，蝙蝠的生命值就减少 10。当蝙蝠生命值减为 0 时，它就从舞台上消失，屏幕显示“GAME OVER”字样，游戏结束。

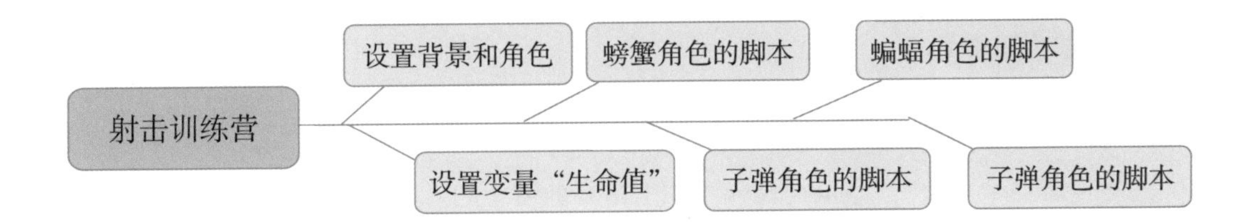

一、设置背景和角色

1. 打开软件

打开 Scratch 软件并切换语言为“简体中文”。

2. 设置背景

设置舞台背景，用文字工具添加玩法提示 press space（按空格键），如图 23.1。

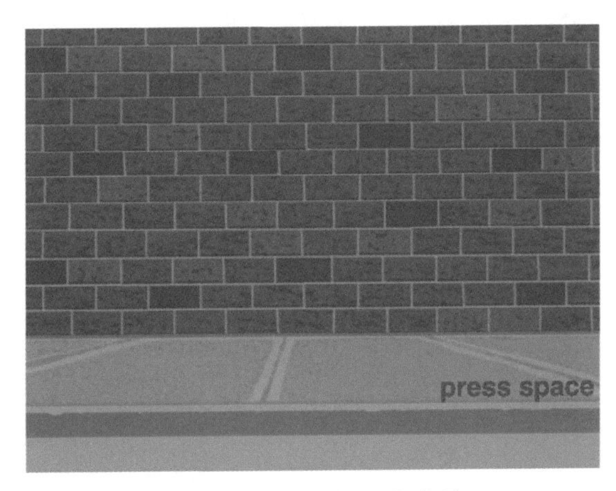

图23.1　带玩法提示的背景

3. 设置角色

导入螃蟹和蝙蝠角色。绘制“子弹”角色，将造型中心点设置在圆心。新建“结束”角色，内容是浅黄色文字“GAME OVER”。如图 23.2。

图23.2　四个角色

二、编写脚本

1. 增加“生命值”变量

添加变量“生命值”，显示在舞台的左上角，如图 23.3。

图23.3 “生命值”变量

2. 螃蟹角色的脚本

螃蟹角色在舞台底部，接受键盘左右方向键，向左右移动，脚本如图 23.4。

3. 子弹角色的脚本1

子弹跟随螃蟹运动，当按空格键时，子弹能克隆自己，脚本如图 23.5。

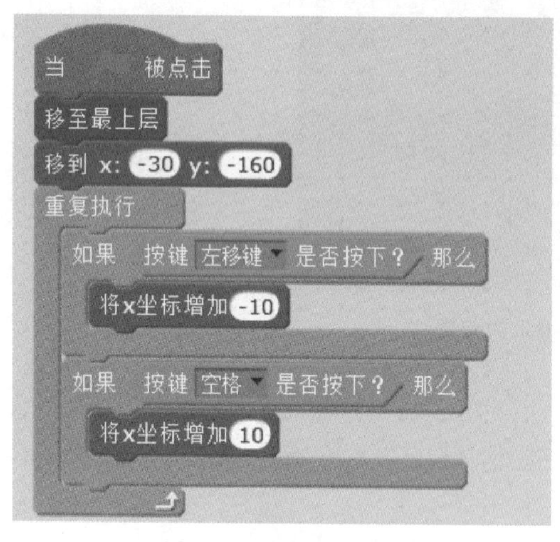

图23.4 螃蟹角色的脚本

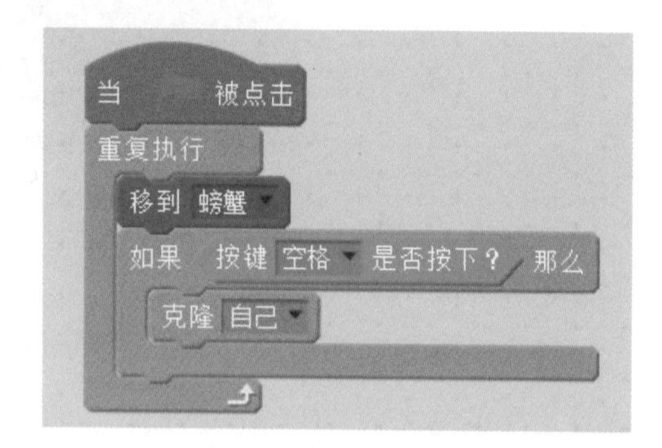

图23.5 子弹角色的脚本1

4. 子弹角色的脚本2

当子弹克隆自己后，将按垂直向上方向运动，若遇到蝙蝠或碰到边缘就删除自己，脚本如图 23.6。

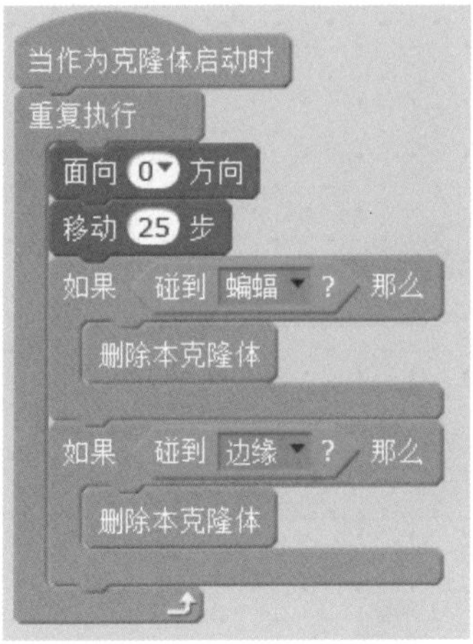

```
当作为克隆体启动时
重复执行
    面向 0 方向
    移动 25 步
    如果 碰到 蝙蝠 ? 那么
        删除本克隆体
    如果 碰到 边缘 ? 那么
        删除本克隆体
```

图23.6　子弹角色的脚本2

小贴士

使用克隆指令模块后，克隆体会继承原角色的所有状态，包括当前位置、方向、造型、效果属性等。

5. 蝙蝠角色的脚本1

蝙蝠在舞台上部随机飞翔，脚本如图 23.7。

```
当 被点击
重复执行
    下一个造型
    等待 0.1 秒

当 被点击
重复执行
    在 1 秒内滑行到 x: 在 -216 到 217 间随机选一个数 y: 在 68 到 164 间随机选一个数
```

图23.7　蝙蝠角色的脚本1

6. 蝙蝠角色的脚本 2

蝙蝠的生命值初始化为 100。当蝙蝠碰到子弹时，生命值减 10，蝙蝠隐藏 1 秒，再显示。当蝙蝠的生命值减为 0 时，蝙蝠再次隐藏，并广播“GAME OVER”，脚本如图 23.8。

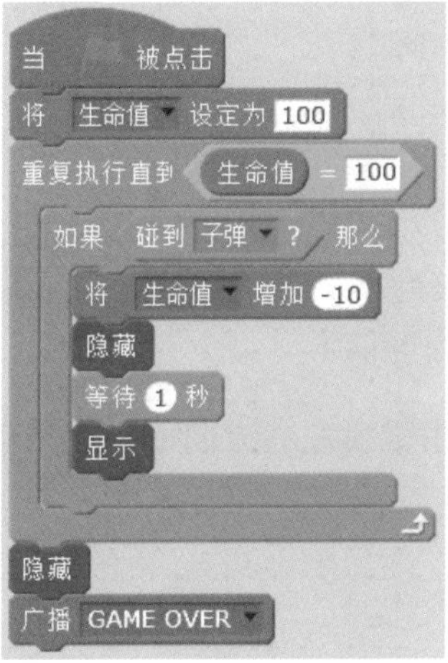

```
当 被点击
将 生命值 设定为 100
重复执行直到 生命值 = 100
    如果 碰到 子弹 ? 那么
        将 生命值 增加 -10
        隐藏
        等待 1 秒
        显示
隐藏
广播 GAME OVER
```

图23.8　蝙蝠角色的脚本2

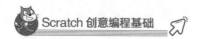

7. “GAME OVER”角色的脚本

“GAME OVER”角色的脚本如图 23.9。

图23.9 “GAME OVER”角色的脚本

8. 保存文件

保存文件，并将其命名为“射击训练营 .sb2”。

任务小结

克隆能完成角色在运行程序后的复制。

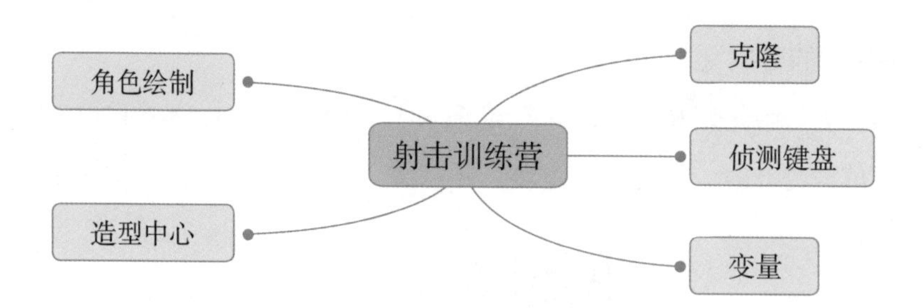

任务拓展

1. 请修改程序，让子弹的密度增大。

2. 本项目是单人游戏，使用键盘左右方向键和空格键。试试增加一个角色，修改程序，变成双人游戏。

项目24 数据速统计

项目演示

数据速统计.sb2

项目情境

现在是大数据时代，校园生活也离不开各种数据的统计，如班级事务投票、选举三好学生、捐赠书籍统计、校园歌手大奖赛统计等。让 Scratch 软件成为我们统计数据的好助手吧！

任务描述

用 Scratch 软件制作一个能进行数据统计的小工具。随机产生 200 以内的自然数，由小精灵说出它们的和、平均数、最大数、最小数。为使程序显得简洁，使用“更多模块”中的“功能块”方式。

数据速统计
- 设置背景和角色
- 和、平均数、最大数、最小数四个功能块脚本
- 设置变量和链表数据

任务实现

一、设置背景和角色

1. 打开软件

打开 Scratch 软件并切换语言为“简体中文”。

2. 设置背景和角色

设置舞台背景及角色，如图 24.1。

图24.1 背景及角色

二、编写脚本

1. 新建五个变量

新建如下变量，以便各种数据的统计，在舞台上不显示，如图 24.2。

2. 新建链表“数据”

新建链表“数据” ☑ 数据，存放被统计数据且在舞台的右侧显示，如图 24.3。

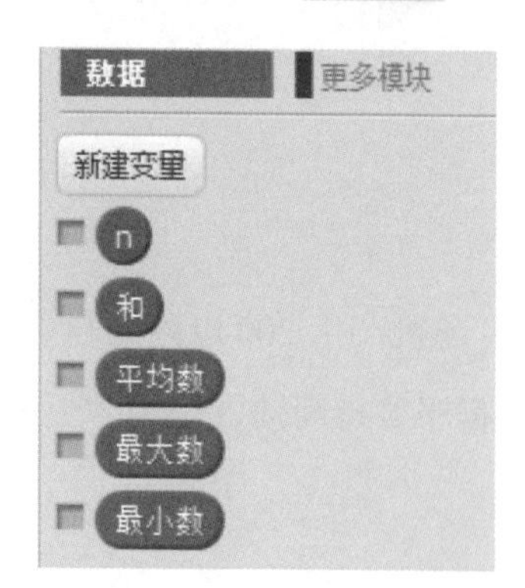

图 24.2 参与统计的五个变量

图 24.3 存放被统计数据的链表“数据”

3. 随机产生 10 个数的脚本

将“数据”链表初始化，随机产生 10 个 200 以内的数，将它们依次添加到“数据”

链表中，脚本如图 24.4。

```
当 被点击
delete 全部 of 数据
重复执行 10 次
    插入: 在 1 到 200 间随机选一个数 位置: 末尾 到链表: 数据
```

图24.4　随机产生10个数的脚本

4. 新建四个功能块

使用脚本区的“更多模块”里的“新建功能块”，分别新建“求和”“求平均”“求最大数”“求最小数”四个功能块，如图 24.5。

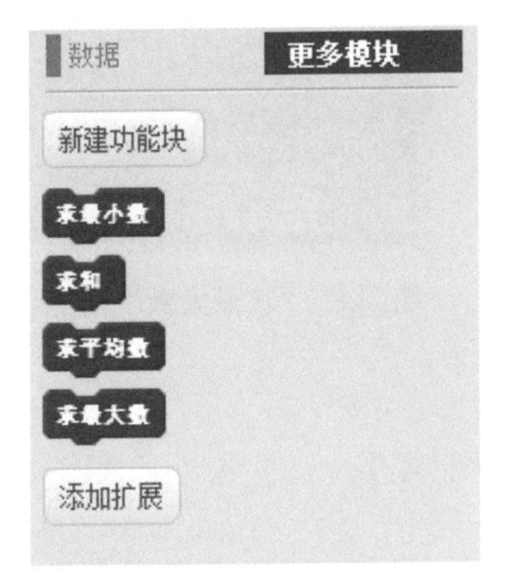

图24.5　新建四个功能块

小贴士

功能块相当于子程序，可以使主程序清楚易懂。功能块编写一次就可以重复使用，非常方便。

5. “求和”功能块的脚本

在脚本区编写“求和”功能块的脚本，如图 24.6。

```
定义 求和
将 和 设定为 0
将 n 设定为 1
重复执行 链表 数据 的长度 次
    将 和 设定为 (和 + 第 n 项 数据)
    将变量 n 的值增加 1
说 将 它们的和是 加到 和 的后面 2 秒
```

图24.6　“求和”功能块的脚本

6. “求最平均”功能块的脚本

在脚本区编写“求最平均”功能块的脚本，如图 24.7。

7. “求最大数”功能块的脚本

在脚本区编写“求最大数”功能块的脚本，如图 24.8。这里的思路是把“数据”的第 1 项先设为“最大数”，后面的每一项都与“最大数”比较，如果比“最大数”大，则用该项数据替换“最大数”。

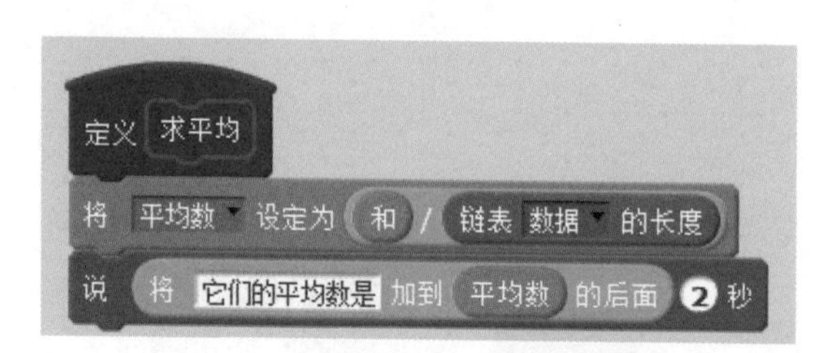

图24.7 “求最平均”功能块的脚本

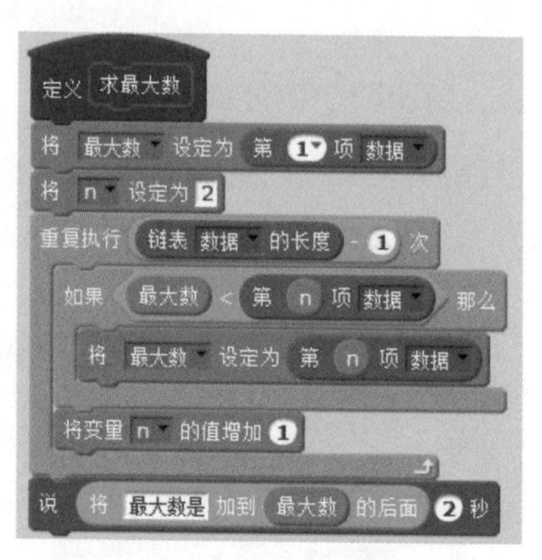

图24.8 “求最大数”功能块的脚本

8. “求最小数”功能块的脚本

在脚本区编写“求最小数”功能块的脚本，如图 24.9。

9. 添加了四个功能块的脚本

把以上这四个功能块名称从“更多模块”中拖到步骤 3 脚本的下方，如图 24.10。

图24.9 “求最小数”功能块的脚本

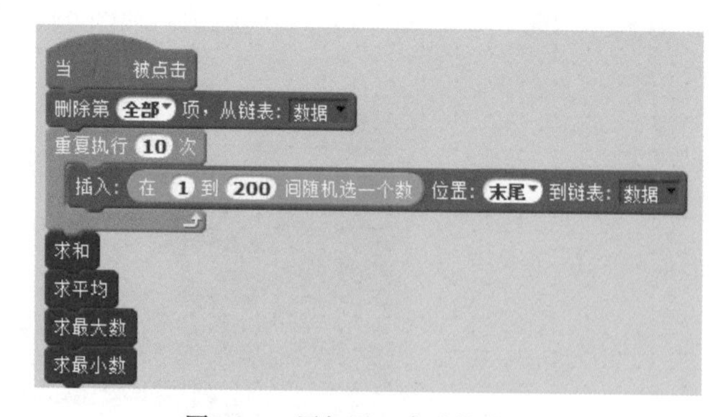

图24.10 添加了四个功能块的脚本

10. 保存文件

保存文件，并将其命名为“数据速统计 .sb2”。

在一定的算法基本上，可灵活利用链表来完成数据统计和比较。

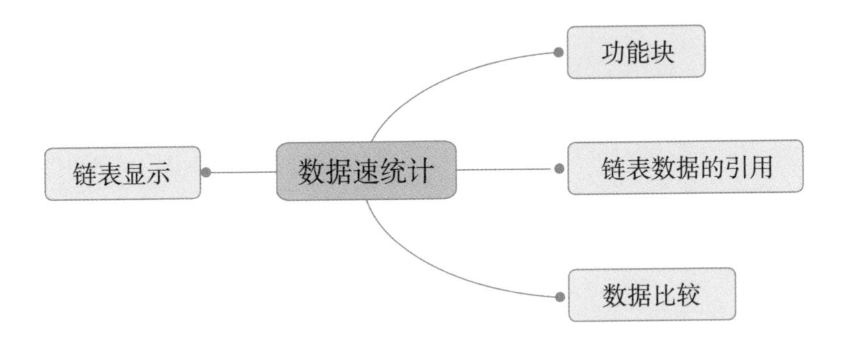

任务拓展

1. 把数据放在记事本文件中，每行数据占一行。将它们导入链表，如图 24.11。修改程序，完成统计。

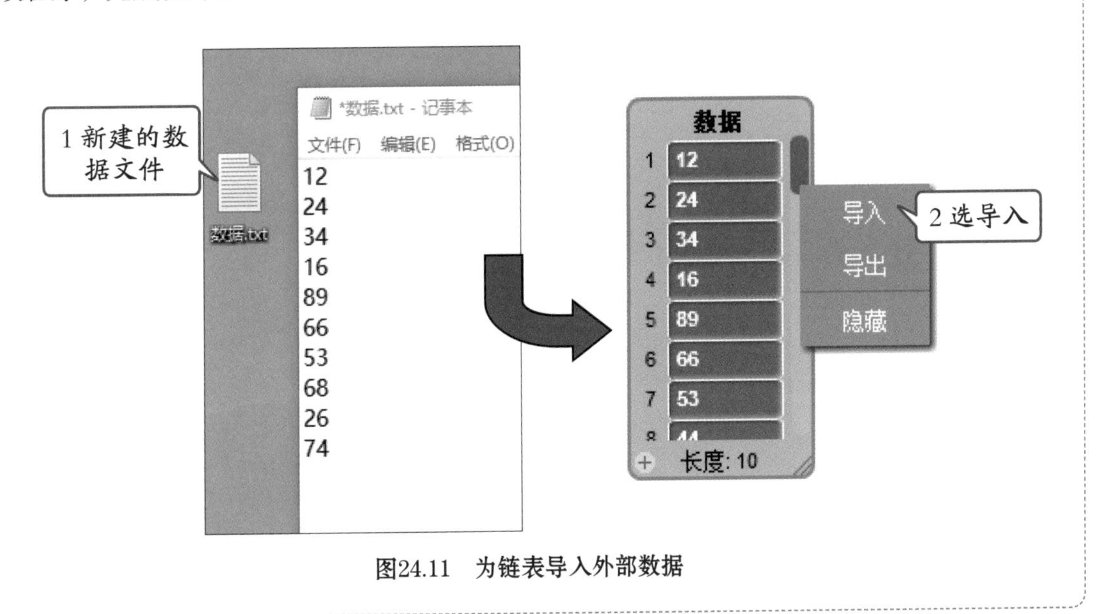

图24.11 为链表导入外部数据